KB243986

K.K closet

보통날의 스타일북

매일매일 새로운 365일 코디네이션

Spring — Summer

K.K closet

보통날의 스타일북

매일매일 새로운 365일 코디네이션
Spring–Summer

04.01 ~ 09.30

비타북스

1년 365일을 어떻게 보내야 할까요?

현실일까요, 상상일까요?

작년의 일일까요, 미래의 일일까요?

상상과 현실이 뒤섞인, 한없이 현실에 가까운 가공의 스토리인 것 같습니다.

이 책에서 소개하고 있는 것은 그런 가상의 1년입니다.

스타일리스트로서 제안하는 옷이나 스타일링과는 전혀 다르게,

아주 사적으로 내가 패션과 어떤 식으로 마주하고 있는지를

소장품만으로 가감 없이 드러냈습니다.

마음에 들어 정말 많이 입은 옷도 있고, 1년에 딱 한 번 등장하는 옷도 있지요.

우울하거나 피곤해서 스타일링에 제대로 신경 쓰시 못한 날도 있습니다.

나에게 그리고 수많은 여성들에게 패션은 분명,

희로애락을 함께하며 때로는 위로를 또 때로는 힘과 의욕을

그리고 설렘, 기품, 근사함, 우아함, 청결함, 스포티함 등

긍정적인 에센스를 주는 영원한 나의 편이라고 생각합니다.

4월부터 9월까지의 봄·여름 편.

지극히 사적인 스타일링입니다.

함께 즐겨준다면 더할 나위 없는 기쁨입니다.

기쿠치 교코

Contents

K.K
KYOKO KIKUCHI
closet

http://kk-closet.com/

april

4
Pearls Pink,
Ballet shoes...

01 TUESDAY
02 WEDNESDAY
03 THURSDAY
04 FRIDAY
05 SATURDAY
9:05
도쿄역 나고야 리벤트
06 SUNDAY
07 MONDAY

08 TUESDAY
09 WEDNESDAY
베건피색
신선하려나
10 THURSDAY
7.5mm 크기가
마음에 든다
11 FRIDAY
12 SATURDAY
13 SUNDAY
티셔츠 니트
14 MONDAY
15 TUESDAY 엄마 Birthday
2개 같이 차면 귀엽따

16 WEDNESDAY
17 THURSDAY
18 FRIDAY
19 SATURDAY
20 SUNDAY
21 MONDAY
22 TUESDAY
23 WEDNESDAY
24 THURSDAY
25 FRIDAY
26 SATURDAY
27 SUNDAY
28 MONDAY
29 TUESDAY
30 WEDNESDAY
팬츠의 헐렁함이 좋다~
그을린 피부에 입고 싶다
리넨버드 입고?
13:00~ 필라테스
역시 발레 플랫 슈즈가 최고!
나카메구로 19:30 뒤풀이

새싹이 돋아나는 봄, 새로 시작하는 마음.
새로 산 레페토의 발레 플랫 슈즈를 신고
오감을 해방시키며 멀리까지 걸어 나간다.
산뜻한 기분이 든다.
그 감성을 옷으로 전달하는 게 나의 일이다.
심플하게 즐거운 하루하루의 마음가짐.

cutsew:SAINT JAMES shirt:Bagutta
pants:Kiton shoes:Repetto
bag:Anya Hindmarch

베이식한 아이템으로 스타일링에 포인트를 주면, 새로운 트렌드의 기운을 온몸으로 느낄 때가 있다.
늘 입던 트렌치코트, 안에는 흰 셔츠가 아닌 트레이너.
팬츠는 슬림한 크롭트가 아닌 착 달라붙는 인디고 데님.

trench coat:green trainer:AMERICAN RAG CIE
denim:FRAME shoes:Repetto
bag:Anya Hindmarch

오늘 잡지 작업은 '블루'를 주제로 한
12페이지 패션 특집으로
아트 디렉터와 도쿄 오모테산도에서
미팅을 한다.
어른에게 제안하는 스타일이기 때문에
조금은 대담하게 해보자,
생각한다.

knit jacket:45R shirt:Gitman Brothers
pants:Kiton shoes:TOD'S
bag:L.L.Bean

어제의 잡지 업무를 정리하고,
토크 이벤트 대본을 최종 확인한다.
새로운 일은 항상 긴장이 된다.
잡지는 여름 패션 제안,
이벤트는 봄 패션 제안.
두 가지 일을 동시에
진행하려면 기분 전환이 필요하다.

coat:MACKINTOSH knit:JIL SANDER
cutsew:SAINT JAMES skirt:CARVEN
shoes:Repetto bag:J&M Davidson

얼마 전까지만 해도
흰 셔츠와 함께 입었던
스웨트 맥시스커트에
체크 셔츠를 매치한다.
신발은 애용하는 나이키의
그레이 스니커즈로
밀라노에서도 유행 중이다.

오랜만에 독자와 직접 만났다.
패션에 대한 열정과
높은 관심에 항상 감동을 받는다.
나의 작은 조언이 스타일링이 무엇인지
궁금해하는 여성들의
모험심과 두근거림을 채워주길 바란다.
내 일이 사랑스러워지는 순간이다.

knit:ELFORBR shirt:Thomas Mason
skirt:fredy jacket:YANUK
shoes:NIKE bag:ANTEPRIMA

coat:green trainer:AMERICAN RAG CIE
denim:FRAME shoes:Repetto
bag:Anya Hindmarch

오늘은 반일 근무날.
당일치기 출장의
피로를 풀어야 하기에
방을 정리하고 아로마를 피운다.
이제 온 힘을 다해 쉬는 것만 남았다.
이벤트는 잘 마무리되었다.
그녀들을 더욱 두근거리게 하고 싶다.

parka:MUJIRUSHIRYOHIN t-shirt:ZARA
denim:Kiton shoes:Pretty Ballerinas
bag:ANTEPRIMA

아침 일찍부터 연재 중인 잡지 촬영,
그 다음에 협찬처 방문.
오후 6시에는 포토그래퍼 N 씨와,
오후 7시에는 소품 담당 포토그래퍼 J 씨와
각각 촬영 방향에 대해 의논한다.
이렇게 바쁜 날에는
발레 플랫 슈즈가 내 편이 되어준다.

shirt:DEUXIÈME CLASSE
tank top:JAMES PERSE pants:5
shoes:Repetto bag:Anya Hindmarch

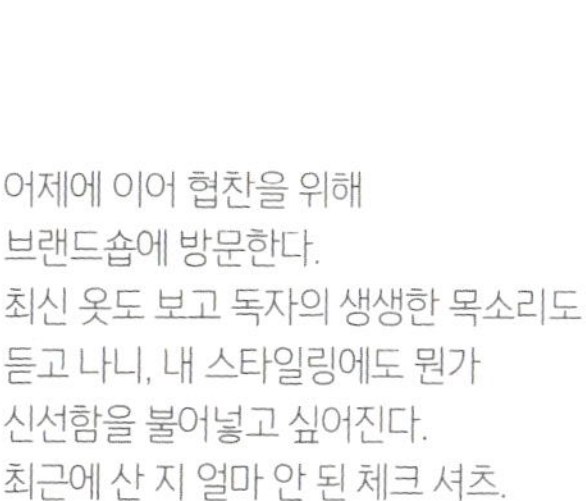

어제에 이어 협찬을 위해
브랜드숍에 방문한다.
최신 옷도 보고 독자의 생생한 목소리도
듣고 나니, 내 스타일링에도 뭔가
신선함을 불어넣고 싶어진다.
최근에 산 지 얼마 안 된 체크 셔츠.
오히려 여성스럽게 매치하고 싶다.

shirt:Thomas Mason
skirt:MACPHEE shoes:Repetto
bag:Anya Hindmarch

검정 니트를 입을까 고민했지만,
4월엔 역시
네이비가 제격이다.
행복해지고 싶은 느낌이 든다.
점점 옷장 속에 옷이 늘어나고,
그만큼 아이디어가 샘솟아
머릿속이 바빠졌다.

knit:ELFORBR shirt:Gitman Brothers
denim:Kiton shoes:Repetto
bag:L.L.Bean

아침부터 스타일링 작업을 한다.
이번 주제를 가장 강력하게 인식시킬
스타일은 뭘까?
전하고 싶은 메시지는,
블루를 입는 즐거움.
스타일링 하나로 옷장 전체가
다시 태어나는 듯하다.

knit jacket:45R shirt:DEUXIÈME CLASSE
pants:green shoes:Repetto
bag:J&M Davidson

스타일링 작업하는 날은
눈앞의 옷에 집중하고 싶다.
그런 날이면 내 옷은
최대한 색을 띠지 않는
단조로운 스타일로 정한다.
주말 출근이니 보기에도 느끼기에도
피곤하지 않을 차림이 좋다.

coat:green shirt:Domingo
cutsew:SAINT JAMES denim:FRAME
shoes:Repetto bag:Anya Hindmarch

Favorite Item 01 :

BOSTON BAG

신경 쓰지 않은 듯 무심해 보이면서
살짝 레트로한 느낌의
자연스러움이 주는 달콤함

닳은 모서리를 수선해가면서 벌써 6년 넘도록 사
용한, 안야 힌드마치의 베이식한 보스턴백 카커
(Carker). 잠금 장치의 느낌과 무심한 듯한 리본
마크가 포인트다. 마치 어릴 적 가지고 놀았던
인형의 가방 같아 왠지 정이 간다. 내가 추구하
는 '달콤함'은 이런 분위기다. 내추럴하면서 레
트로한…… 보이시한 코디에 이 가방을 들었을
때의 절묘함이란!

오후부터 스타일링 작업을 한다.
그전까지는 소중한 나만의 시간이다.
사랑하는 사람과 함께하는 브런치.
보이시한 느낌의 코디지만,
레이스와 핑크로 매치한다.
이 정도의 달달함이 나답다.

knit:JIL SANDER tank top:JAMES PERSE
pants:Kiton shoes:TOD'S
bag:J&M Davidson

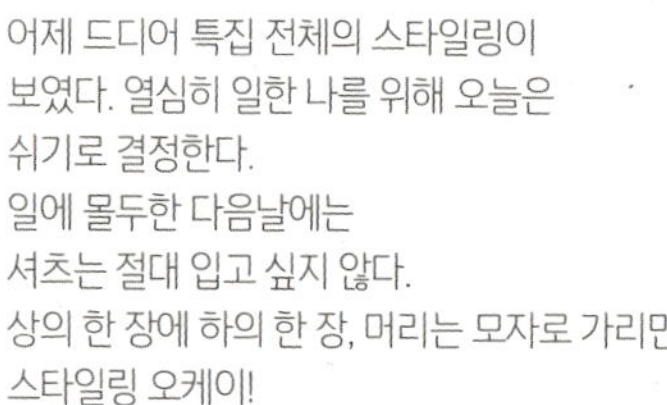

어제 드디어 특집 전체의 스타일링이
보였다. 열심히 일한 나를 위해 오늘은
쉬기로 결정한다.
일에 몰두한 다음날에는
셔츠는 절대 입고 싶지 않다.
상의 한 장에 하의 한 장, 머리는 모자로 가리면
스타일링 오케이!

저녁 때 담당 편집자 K 씨가
코디를 체크했다.
편집자는 스타일링을
객관적으로 보는 첫 번째 인물이다.
어떤 반응이 나올까?
어떤 코디가 제일 좋을까?
두근두근 이런 설렘이 좋다.

knit jacket:45R cutsew:SAINT JAMES
skirt:fredy shoes:NIKE
bag:L.L.Bean

coat:green trainer:AMERICAN RAG CIE
pants:DOROA shoes:CONVERSE
bag:Anya Hindmarch

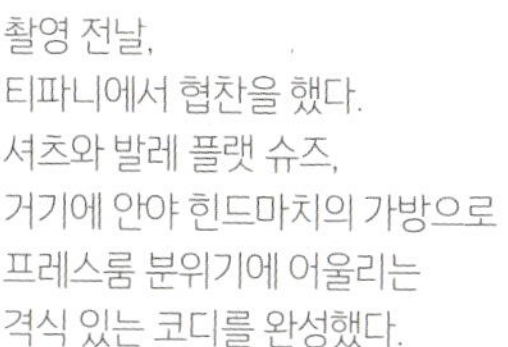

촬영 전날,
티파니에서 협찬을 했다.
셔츠와 발레 플랫 슈즈,
거기에 안야 힌드마치의 가방으로
프레스룸 분위기에 어울리는
격식 있는 코디를 완성했다.

희붐한 새벽 6시 반.
촬영일 특유의, 산뜻하게 하루를
시작하는 방식이 표현할 길 없이 좋다.
말하지 않아도 통하는 최고의 스태프.
그렇기 때문에 도전할 수 있는 사진.
'감성'이 '형태'를 이루는 창조의 날.

shirt:BARBA knit:ELFORBR
denim:FRAME shoes:Repetto
bag:Anya Hindmarch

knit:mai knit jacket:45R
denim:Levi's® shoes:Pretty Ballerinas
bag:GOYARD

전날 모델 촬영에 이어,
오늘은 도쿄 히로에 있는 스튜디오에서
소품 촬영이 있다.
하나하나 정렬시켰다가,
뗐다 붙였다를 반복한다.
이런 날은 육체노동이기 때문에
꼭 드로스트링 팬츠를 입는다.

오랫동안 내 기획물 원고를 매만져준
작가와 도쿄 산겐자야에 있는
카페에서 특집 관련 취재를 했다.
취재인데 어느샌가 잡담이 많아지는 건
늘 있는 일이다.
하지만 잡담이라는 것도 사실은
아이디어의 보고다.

jacket:YANUK cutsew:SAINT JAMES
pants:5 shoes:Repetto
bag:ANTEPRIMA

shirt:Thomas Mason
denim:FRAME shoes:Repetto
bag:ANTEPRIMA

크리에이티브한 멤버와 함께한
촬영 뒤에는, 감성이 자극받는다.
쇼핑하고 싶다.
질 좋은 옷을 나에게 선물해
생기를 되찾고 싶다.
무심결에 리베코의 리넨 시트를
새로 구입했다. 차갑게 사각사각거린다.

cutsew:SAINT JAMES
knit jacket:45R　pants:Kiton
shoes:Repetto　bag:ANTEPRIMA

화창한 날 집에서 근처에 있는
강까지 유유히 어슬렁어슬렁 산책한다.
그러다 사무실에서
한 통의 전화가 걸려온다.
일에 대한 의뢰가 들어온 모양이다.
바람이 꽤 따뜻해졌다.

shirt:Bagutta　cutsew:SAINT JAMES
pants:BACCA　jacket:YANUK
shoes:Repetto　bag:ANTEPRIMA

입으면 기분 좋아지는 아이템을
손에 넣으면, 거리를 걷는 것만으로도
데이트를 하는 것만큼 즐거워진다.
과감하게 하의는 체크로 매치한다.
레트로한 분위기와 함께
트렌드한 느낌으로 무릎 아래가
착 달라붙는 스키니다.
마음에 드는 카페까지
천천히 발걸음을 옮긴다.

trainer:AMERICAN RAG CIE
pants:DOROA shoes:Repetto
bag:Anya Hindmarch

Map 01 : Favorite Restaurant&Cafe in Setagaya

혼자서, 친구와, 좋아하는 사람과,
훌쩍 발걸음이 향하는 카페

01:TEATRO DELLA PASSIONE
발랄한 부부에게 에너지를 받을 수 있는
가정식 이탈리안

요가(用賀) 역에서 도보 5분 거리의 이탈리안 레
스토랑. 사진은 이탈리아의 겨울 채소 푼타렐라
(puntarella) 샐러드. 피자, 파스타, 내추럴 와인도
맛있고, 자연스러운 분위기도 좋다.
●테아트로 델라 파시오네
http://teatro-della-passione.com/

● 02:APRONS FOOD MARKET

● 01:TEATRO DELLA PASSIONE

Tamagawa Street

Seta Intersection

02:APRONS FOOD MARKET
여름엔 스파클링 와인, 겨울엔 핫 와인,
한 손으로 가니시(Garnish)를!

이탈리아 바에 제대로 된 좌석이 있는 느낌의 장
소다. 간단한 안주와 함께 한잔할 수 있는, 근사한
카페 비스트로. 쇼케이스에서 마음이 가는 요리
를 소량 주문할 수 있다.
●애프론즈 푸드 마켓

● 03:HARUYA MUKASHI

Kan-pachi Street

Futakotamagawa Station

to Den-en-chofu

03:HARUYA MUKASHI

한 손에 작은 책을 들고
즐기는 티타임

스케줄이 없는 휴일에는 후타코타마가와 인근까지 한가로이 거
닐며 혼자 산책하는 즐거움을 느낀다. 그 후 이 카운터석만 있는
카페에서 진한 아메리카노나 브라질산 커피를 주문해 두 시간 정
도 책을 읽는다. 이 시간은 나만의 최고의 휴식 시간이다.
●하루야 무카치(春ャ昔)
http://haruyamukashi303.mond.jp/

시트를 새로 갈았더니
왠지 인테리어를 새롭게 하고 싶은
욕구가 솟구친다. 러그 색을 살짝
봄 느낌 나게 밝은 톤으로 바꿔볼까?
분명 시트만 샀을 뿐인데,
왠지 방 전체가 바뀌게 될 것 같은
느낌이 든다.

원단을 바꾸면 집안 분위기가
리프레시 된다. 집이 아늑해지면,
감촉이 부드러운 옷이 입고 싶어진다.
편안해서 기분 좋은
스웨트 맥시스커트와
도톰하게 볼륨감 있는 슈로
집안 분위기를 함께 느낀다.

cutsew:SAINT JAMES tank top:JAMES PERSE
denim:Kiton shoes:TOD'S
bag:GOYARD

shirt:DEUXIÈME CLASSE
tank top:JAMES PERSE skirt:fredy
shoes:CONVERSE bag:ANTEPRIMA

최고로 부드러운 캐시미어 니트 티를 입고
신문사 담당자와 기획 미팅을 했다.
첫인상이 중요하므로
상의는 깔끔한 핑크를 선택했다.
폭넓은 독자층,
무엇을 제안해야 할까?

당일치기로 본가 제사에 다녀왔다.
심플한 블랙원피스는
예복 대용으로 요긴하다.
짧게 행사 차 다녀왔지만
아름다운 산과 호수를 보며
마음 깊이 위로받는다.

knit:mai　denim:Levi's®
knit jacket:45R　shoes:Repetto
bag:L.L.Bean

one-piece:DEUXIÈME CLASSE
shoes:MIHAMA
bag:Anya Hindmarch

보통날의 스타일북

t-shirt:VINCE jacket:YANUK
cardigan:Ron Herman pants:5
shoes:Repetto bag:Anya Hindmarch

trainer:AMERICAN RAG CIE
denim:Kiton shoes:CONVERSE
bag:ANTEPRIMA

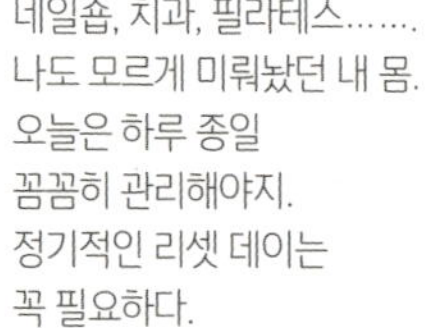

네일숍, 치과, 필라테스…….
나도 모르게 미뤄놨던 내 몸.
오늘은 하루 종일
꼼꼼히 관리해야지.
정기적인 리셋 데이는
꼭 필요하다.

화이트, 핑크, 골드.
빛과 온도가 느껴지는
로맨틱한 배색이다.
데이트 때 입을 핑크라면,
생명력이 느껴지는
싱싱하고 마음이 열릴 듯한 색이 좋다.

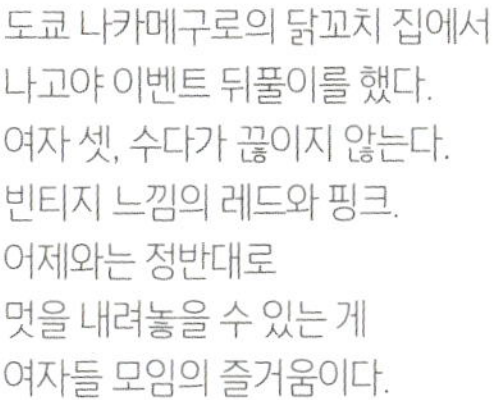

도쿄 나카메구로의 닭꼬치 집에서
나고야 이벤트 뒤풀이를 했다.
여자 셋, 수다가 끊이지 않는다.
빈티지 느낌의 레드와 핑크.
어제와는 정반대로
멋을 내려놓을 수 있는 게
여자들 모임의 즐거움이다.

신문 기획에 대해 요리조리 궁리해본다.
셔츠×드로스트링 팬츠의 베이식한 코디에
버건디 안경을 써본다.
살짝 새롭게 해보고 싶은 기분이
솔솔 피어오른다.
이 느낌을 어떻게 전할 수 있을까?

knit:mai pants:DOROA
shoes:Pretty Ballerinas
bag:Anya Hindmarch

shirt:DEUXIÈME CLASSE
tank top:JAMES PERSE pants:BACCA
shoes:Pretty Ballerinas bag:GOYARD

may
5
Denim chic,
01 THURSDAY
02 FRIDAY
03 SATURDAY
04 SUNDAY
05 MONDAY
06 TUESDAY
07 WEDNESDAY
08 THURSDAY
09 FRIDAY
10 SATURDAY
11 SUNDAY
12 MONDAY
13 TUESDAY
14 WEDNESDAY
15 THURSDAY
11:00 마유미짱
누타코타마가외
핫쨩 신주쿠
18:00~
올해는 역시 화이트!
10:00 건강검진
신축성이 있따!

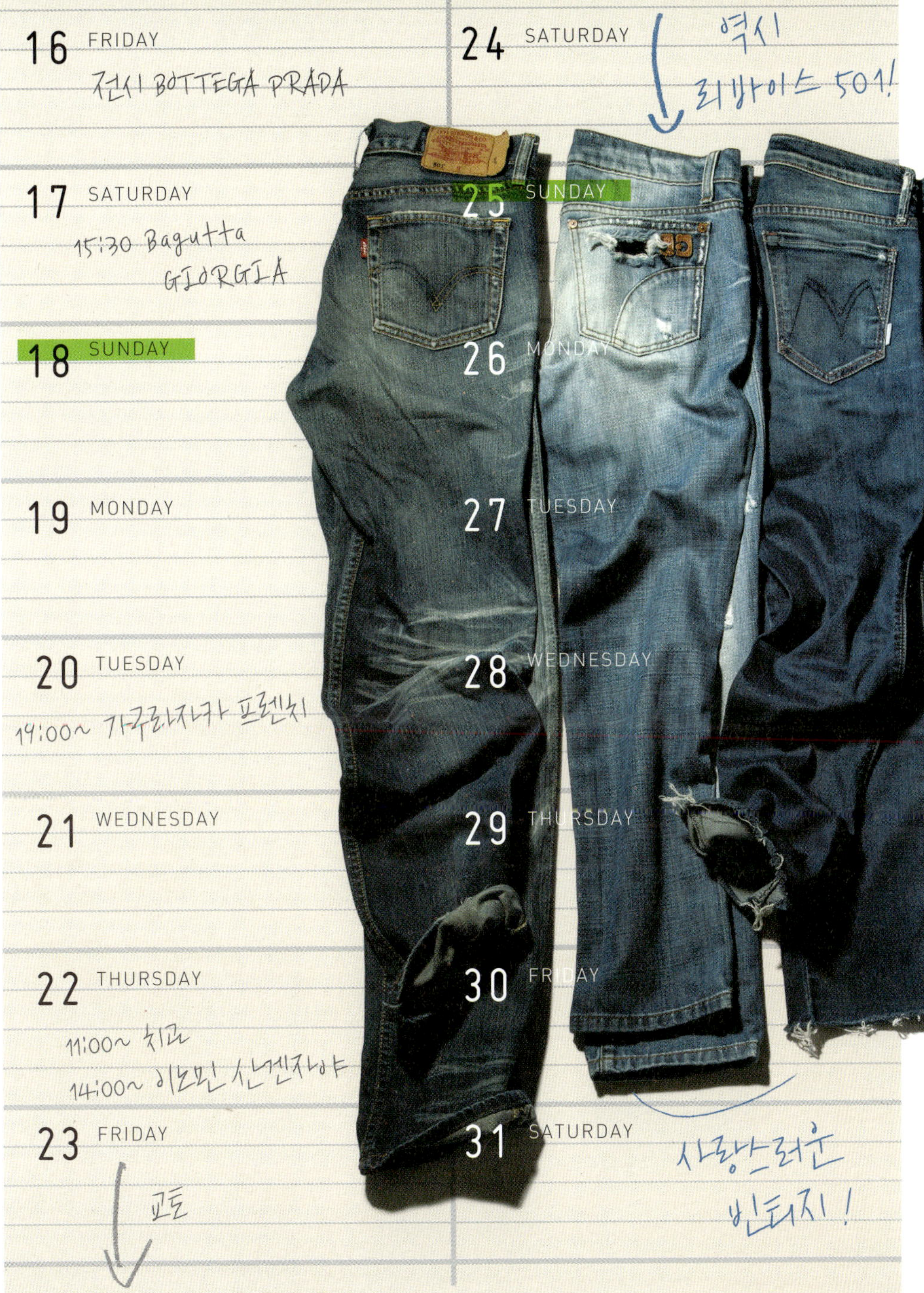
16 FRIDAY
전시 BOTTEGA PRADA
17 SATURDAY
15:30 Bagutta
GIORGIA
18 SUNDAY
19 MONDAY
20 TUESDAY
14:00~ 가구라자카 프렌치
21 WEDNESDAY
22 THURSDAY
11:00~ 치과
14:00~ 히로밍 신겐자야
23 FRIDAY
교토
24 SATURDAY
역시
리바이스 501!
25 SUNDAY
26 MONDAY
27 TUESDAY
28 WEDNESDAY
29 THURSDAY
30 FRIDAY
31 SATURDAY
사랑스러운
빈티지!

자주 입어 익숙한 데님도
캐주얼 느낌의 고급스러운 니트 티와 코디하면
살짝 우아해지면서 매력 지수가 올라간다.
코디는 조합이다.
파트너나 밸런스를 바꾸면, 하나의 아이템에서
끊임없이 새로움을 발견할 수 있다.

knit:mai denim:JOE'S JEANS
shoes:TOD'S
bag:GOLDEN GOOSE

흰 셔츠를 입는 스타일이 바뀌었다는 걸 느낀 것은, 지난 밀라노 컬렉션부터다.
옷깃을 뒤로 훅 젖힌 빅 실루엣은 베이식한 느낌과는 확연히 다른 분위기로 셔츠의 힘을 보여준다.

shirt:MUSE camisole:GAP
denim:SUPERFINE bag:Anya Hindmarch
bag:L.L.Bean

액세서리 가공을 하고 있는 친구와
도쿄 롯폰기의 그랜드하얏트 테라스에서
차를 한잔 마신다.
친구에게 오늘 스타일링을
칭찬받아서 솔직히 기쁘다.
나의 로망 제인 버킨을
데님으로 입은 느낌이다.

knit cardigan:CHANEL
cutsew:SAINT JAMES
denim:Levi′s® shoes:Repetto

이 재킷을 입으면
내 몸이 특별하게 느껴져 흥분된다.
샤넬 니트 재킷의 이 마법은 뭘까?
단순히 옷이라고만 할 수 없다.
이미테이션과 리얼 진주의 레이어드.
아, 옷 입는 건 항상 즐겁다.

knit cardigan:CHANEL
t-shirt:VINCE denim:FRAME
shoes:Repetto bag:Anya Hindmarch

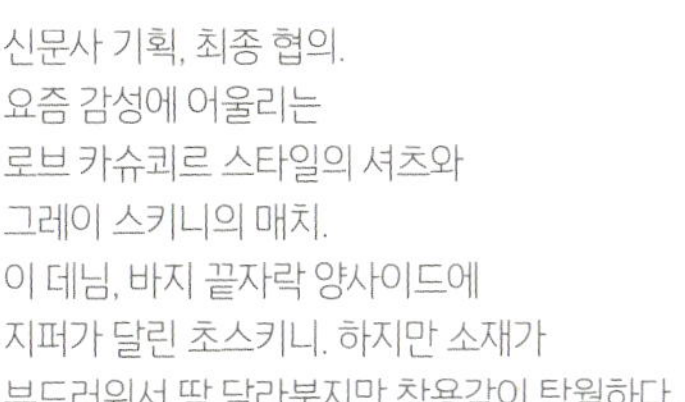

신문사 기획, 최종 협의.
요즘 감성에 어울리는
로브 카슈쾨르 스타일의 셔츠와
그레이 스키니의 매치.
이 데님, 바지 끝자락 양사이드에
지퍼가 달린 초스키니. 하지만 소재가
부드러워서 딱 달라붙지만 착용감이 탁월하다.

지하철이 왜 이렇게 붐비지,
하고 보니
오늘이 골든위크 마지막 날이다.
평소보다 들뜬 거리 분위기.
분위기를 제안하는 직업을 가진 나에게는
무척이나 흥미로운 풍경이다.

shirt:MUSE camisole:GAP
denim:SUPERFINE shoes:CONVERSE
bag:GOLDEN GOOSE

knit cardigan:CHANEL
camisole:UNIQLO t-shirt:JAMES PERSE
denim:JOE'S JEANS shoes:CONVERSE

아침 일찍, 엄마에게서 온 전화벨이 울린다.
이달 하순에 예정되어 있는
교토 여행의 준비가
아무래도 내 몫이 된 듯하다.
오늘 만날 잡지 편집자가 최근에
교토 특집을 담당했다고 하니,
그에게 추천할 만한 숙소를 물어봐야지.

coat:MACKINTOSH knit:mai
denim:JOE'S JEANS
shoes:SEBOY'S bag:J&M Davidson

저녁부터 웹사이트용 촬영이 있다.
내 옷장을 공개하면서
생생한 목소리를
듣게 된 게 가장 큰 소득이다.
잡지와는 다른, 네티즌과 관계 맺는 법을
하나씩 배운다.
가까운 거리만큼 뭔가가 나올 것 같다.

knit:ELFORBR
camisole:GAP denim:Kiton
shoes:TOD'S bag:L.L.Bean

데님을 살짝 엘레건트한 느낌으로
입고 싶다는 생각이 계속 든다.
엘레건트라는 단어는
오해받기 십상이다.
달콤함이나 클래식이 아닌
기품과 여유,
이런 것이 엘레건트가 아닐까?

오전 11시,
친구와 브런치 타임을 가졌다.
그 사이에 소꿉친구가 "신주쿠에
왔는데 밤에 안 만날래?"라고
문자를 보내왔다.
이런 문자, 참으로
반갑고 기쁘고 고맙다.

shirt:MUSE　camisole:GAP
denim:SUPERFINE
shoes:Repetto　bag:ANTEPRIMA

knit:mai　denim:FRAME
shoes:RENÉ CAOVILLA
bag:ANTEPRIMA

친구들은 나와 다른 시점으로
다른 인생을 걸어간다.
한 친구 아들이 대학생이 된다.
왠지 이상한 기분을 안고 카페까지 걷는다.
도톰한 면이 아늑함을 주는,
가장 베이식한 세인트제임스의
웨상으로 이런 기분을 달랜다.

knit jacket:45R　cutsew:SAINT JAMES
denim:Levi´s®
shoes:Repetto　bag:L.L.Bean

세인트제임스의 사이즈 3은
올해 추가로 구입했다.
상의를 살짝 루스하게 입는
정도의 사이즈로,
착 달라붙는 데님과 매치하여
사무실 스태프와
회의 겸 식사를 한다.

cutsew:SAINT JAMES
skirt:MACPHEE　shoes:Christian Louboutin
bag:Anya Hindmarch

일기예보에 따르면
오후부터 장대비가 내린다고 한다.
이런 날은 완전 무장.
이너는 사이즈 1의 보더 티.
사무실에서 어제 들었던 기획을
구체적으로 구상한다. 내일 건강검진이
있으니까 오늘 저녁은 생략한다.

하루 종일 이것저것 검사했더니
뭔가 큰일을 끝낸 것같이
개운한 기분이 든다.
맛있는 거라도 먹고 싶어지는 기분.
그에게 문자를 보내볼까?
오늘은 그레이 웨상으로
깔끔하게 코디.

mountain parka:THE NORTH FACE
cutsew:SAINT JAMES denim:AG
shoes:HUNTER bag:ANTEPRIMA

cutsew:SAINT JAMES
denim:Levi's®
shoes:Repetto bag:L.L.Bean

신문 기획 촬영은 컷 수도 적고
개인 소장품 중심이라
사무실 한 구석을 스튜디오 삼아
포토그래퍼와 촬영을 진행한다.
늘 한 컷 한 컷
진심을 담는 자세에 감동한다.

5월답게 맑게 갠 하늘.
늘 지나던 거리도 나무들의 초록빛이
왠지 훨씬 진하게 느껴진다.
보테가, 프라다 전시회를 돌면서
가장 크게 느낀 것은 바로 표현하는
기쁨이다. 감성을 관통하는 자태,
아름답고 역동적이다.

shirt:MUSE camisole:GAP
denim:FRAME shoes:Repetto
bag:Anya Hindmarch

cutsew:SAINT JAMES
denim:AG shoes:Repetto
bag:ANTEPRIMA

Favorite Item 02 : BORSALINO

베이식한 스타일의 포인트는 물론
어른스러운 분위기의 스타일을 뽐내기도!

살짝 캐주얼한 느낌이 강한 데미지 데님에 제일 위에 있는 보르살리노
(Borsalino) 모자를 착용하면, 그것만으로 훨씬 멋스러워진다. 이거다,
이런 키 아이템을 찾으면 스타일링이 정말 신난다. 챙이 너무 넓지 않은
타입을 고르면 모자 초보자도 쉽게 소화할 수 있다.

5 / 17

5 / 18

이탈리아 브랜드의
현지 PR 담당자를 인터뷰했다.
오랜만의 이탈리아어라
긴장했지만 모국어를 듣는 순간
미소를 띠는 밀라니즈다운 다정함에
내 기분까지 밝아진다.

바쁜 멤버들이 오랜만에 다 모인 날.
나의 웹사이트 K.K closet의
첫 이벤트 기획안을 처음으로
모두에게 털어놓는다. 그리고 어째선지
남성들의 폭발적인 반응을 받은 이 옷.
응? 남자친구 트레이너복 같아서
섹시하게 보인다고?

knit cardigan:CHANEL
camisole:UNIQLO t-shirt:JAMES PERSE
denim:JOE'S JEANS shoes:CONVERSE

trainer:House of 950
denim:SUPERFINE
shoes:Repetto bag:ANTEPRIMA

멤버들의 반응은 상상 이상이다.
네티즌의 요청에 부응해
6월에 독자 이벤트를
열기로 결정했다.
어떤 분들이 와줄까?
나는 무엇을 제일 전하고 싶은 걸까?

편집자는 여기저기 다양한 가게를
알고 있다. 예전에 신세를 졌던
편집자 친구가 도쿄 가구라자카의
프렌치 레스토랑을 예약해줬다.
멋진 저택에 초대받은 듯한
특별한 기분이 든다.

trainer:Americana shirt:FRED PERRY
denim:AG shoes:CONVERSE
bag:Anya Hindmarch

knit cardigan:CHANEL
blouse:Bagutta denim:MOTHER
shoes:Repetto bag:J&M Davidson

shirt:Thomas Mason denim:FRAME

"부서 이동했다는 소리는 들었는데,
잘 지내고 있어?"
연말에 출간한 책의 담당 편집자가
문득 생각이 나 문자를 보내본다.
젊고 열정 있는 그녀의 수고 덕분에
작년에는 멋들어진 책이 완성됐다.

전 어시스턴트와 점심식사.
스타일리스트에게 필요한 덕목이나
잡지 환경의 변화 등 어느샌가
꽤 진지한 이야기를 하고 있다.
길이감이 좋고
부드러운 카프리 데님,
편하고 깜찍하다.

shirt:Thomas Mason denim:FRAME
shoes:DIEGO BELLINI
bag:Anya Hindmarch

shirt:L'Appartement
denim:MOTHER shoes:SEBOY'S
bag:L.L.Bean

가족과 함께 교토로
1박 여행을 떠난다.
정보통인 업계 친구와 지인들 덕택에
꽤 흥미로운 여행이 될 것 같은
예감이 든다.
이런 날은 후프 귀걸이로
기분을 고조시켜본다.

적당히 편안함에 신경 쓴
블랙&화이트 스타일로
교토 시내를 관광한다.
세세한 곳까지 배려가 담긴,
자부심 넘치는 거리의 공기에
무언가 자극받는 느낌이다.

trainer:Americana shirt:Thomas Mason
denim:FRAME shoes:DIEGO BELLINI
bag:Anya Hindmarch

trainer:AMERICAN RAG CIE
denim:FRAME shoes:DIEGO BELLINI
bag:Anya Hindmarch

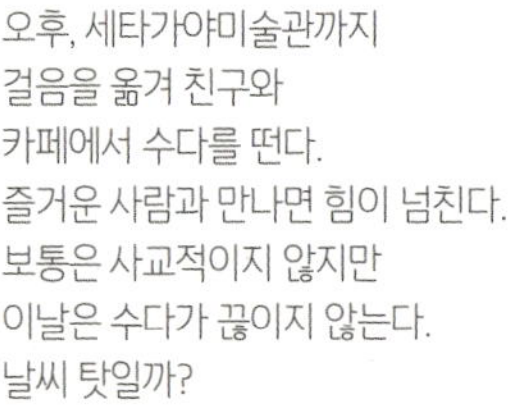

오후, 세타가야미술관까지
걸음을 옮겨 친구와
카페에서 수다를 떤다.
즐거운 사람과 만나면 힘이 넘친다.
보통은 사교적이지 않지만
이날은 수다가 끊이지 않는다.
날씨 탓일까?

shirt:MUSE camisole:GAP
denim:SUPERFINE shoes:CONVERSE
bag:GOLDEN GOOSE

그러고 보니 친한 작가의
생일이 지났다.
조금은 특별하고 색다른 느낌의
선물이 없을까?
일하다 짬을 내 긴자의 백화점을
둘러보다 마음에 드는 걸 찾았다.
그녀의 마음에도 들면 좋겠다.

jacket:YANUK parka:THE NORTH FACE
t-shirt:VINCE pants:Theory
shoes:CONVERSE bag:L.L.Bean

Column 01 :

Japanese Sweets

자극적이지 않은 달달함과
폭신폭신한 식감,
화과자

모델 야외 촬영 나갔다가 소품 촬영 스튜디오로
이동하는 중의 일이었다. 편집자가 불쑥 "후만
주(麩饅頭) 사갈까?"라고 했다. 그 말 한마디로
피곤과 졸음이 싹 가실 정도로 나는 화과자를
좋아한다. 에비스에 있는 쇼안(正庵)의 후만주.
촬영이나 스타일링으로 머리 쓰는 날은 긴장의
끈을 놓지 않기 때문에, 이런 부드러운 달콤함이
머리와 마음에 단비가 된다.

다음 달 이벤트의 전체 내용을
구성하기 위한 브레인스토밍을 위해
사무실을 찾았다.
어제 구입한 이니셜이 적힌 손수건을
작가에게 건넸더니 아이처럼 기뻐했다.
선물을 건넸을 때 기뻐하는 모습을 보면
나도 함께 기뻐진다.

cutsew:SAINT JAMES
denim:SUPERFINE shoes:Repetto
bag:J&M Davidson

모자와 비즈 목걸이, 거기에 레더 숄.
이벤트에서 제안할
새로운 스타일을 고심하다 보니
기본에서 벗어나
데님을 분위기 있고
시크하게, 경쾌하게, 그리고 깔끔하게
입고 싶어졌다.

knit:mai denim:AG
shoes:Repetto
bag:GOLDEN GOOSE

무릎 아래가 착 달라붙는
생지 데님의 스키니는
발목을 아주 살짝 드러내 입는
9부 길이다. 다른 색으로 두 벌이나
샀을 정도로 좋아하는 모양이다.
데님만이 보여주는 여성스러움을
충분히 즐길 수 있는 아이템이다.

shirt:Gitman Brothers denim:FRAME
shoes:L'Artigiano di Brera
bag:Anya Hindmarch

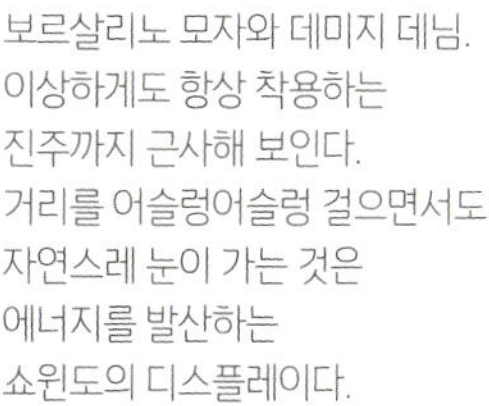

보르살리노 모자와 데미지 데님.
이상하게도 항상 착용하는
진주까지 근사해 보인다.
거리를 어슬렁어슬렁 걸으면서도
자연스레 눈이 가는 것은
에너지를 발산하는
쇼윈도의 디스플레이다.

shirt:DEUXIÈME CLASSE
tank top:JAMES PERSE denim:JOE'S JEANS
shoes:CONVERSE bag:GOLDEN GOOSE

카페에서 남몰래 거리를 걷는
여성들의 패션를 체크한다.
성인 여성들도 대담하게
트렌드에 도전하는 모습이
인상적이다.
이 '인상'이란 게 꽤 유용한 열쇠다.

knit:mai denim:FRAME
shoes:Repetto
bag:Anya Hindmarch

june
6
01 SUNDAY
Jersey, sometimes Rains
02 MONDAY
이벤트 신청 마감일!
03 TUESDAY
04 WEDNESDAY
15:00~
시나가와프린스
05 THURSDAY
06 FRIDAY
07 SATURDAY
17:00~
azzurro
Meeting
08 SUNDAY
09 MONDAY
10 TUESDAY   11:00 답사
11 WEDNESDAY
편한
드로스트링
12 THURSDAY
13 FRIDAY
14 SATURDAY
15 SUNDAY
14:00~
프린하잇토 라인지
made in Japan

16 MONDAY
17 TUESDAY
18 WEDNESDAY
19 THURSDAY
20 FRIDAY
14:00~
MC 오카장 회의
21 SATURDAY
14:00~ 리츠 라운지
22 SUNDAY
23 MONDAY
저지입니다
24 TUESDAY
12:00 Body Prove
15:00 bienn
25 WEDNESDAY
26 THURSDAY
27 FRIDAY
28 SATURDAY
13:00~ 염색
16:00 네일
29 SUNDAY
30 MONDAY
역시 헌터

실루엣이 단숨에 여성스러워지는
타이트스커트.
그러면서도 몸에 힘이 들어가지 않는
저지만의 편안함이 있다.
산뜻하면서 활동적이고,
묘하게 고급스럽다.
6월은 이렇게 스포티한 느낌이 새롭다.

trainer:AMERICAN RAG CIE
skirt:ROPÉ mademoiselle jacket:YANUK
shoes:L'Artigiano di Brera bag:L.L.Bean

드디어 이번 달 말, K.K closet 이벤트가 열린다.
내렸다 그쳤다 하는 비가 기대 반 두근거림 반의 내 마음의 고동소리 같이 들린다.

cutsew:SAINT JAMES pants:5
shoes:Repetto
bag:ANTEPRIMA

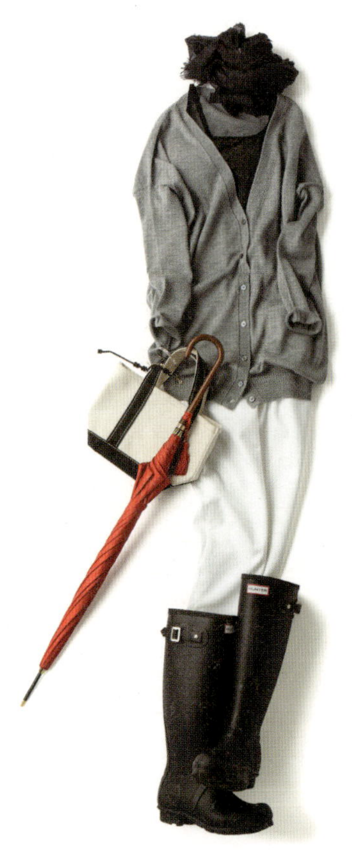

이벤트 미팅을 위해 스태프와
신청 목록을 확인한다.
핑크나 옐로와는 또 다른,
그린&네이비의
싱그러운 행복감이
6월의 느낌이다.

비오는 날에는 하얀 바지의 깨끗함에
기대고 싶어진다.
스키니 팬츠도 저지 소재라면
너무 덥지도 않고 움직임도 좋다.
장마 시즌에는 몸을 조이지 않는
깔끔함이 아주 중요하다.

knit:ELFORBR tank top:JAMES PERSE
skirt:ROPÉ mademoiselle
shoes:CONVERSE bag:L.L.Bean

cardigan:Fabrizio Del Carlo
camisole:UNIQLO pants:NICWAVE
shoes:HUNTER bag:L.L.Bean

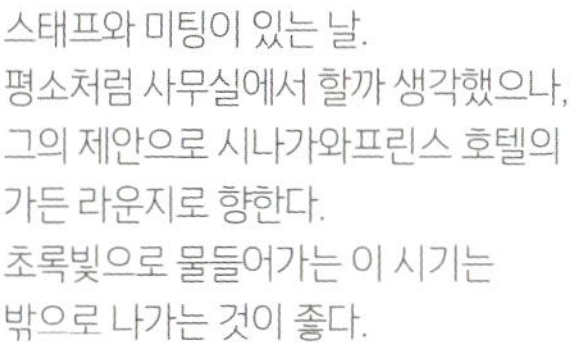

스태프와 미팅이 있는 날.
평소처럼 사무실에서 할까 생각했으나,
그의 제안으로 시나가와프린스 호텔의
가든 라운지로 향한다.
초록빛으로 물들어가는 이 시기는
밖으로 나가는 것이 좋다.

cardigan:Fabrizio Del Carlo
tank top:VINCE skirt:DEUXIÈME CLASSE
shoes:Repetto bag:Anya Hindmarch

서점에 있는 카페에서 네티즌이 보낸
메시지를 찬찬히 훑어본다.
천차만별 같지만, 코디에 대한 고민은
실제로는 하나다.
자신에게 가장 잘 어울리는
옷을 알고 싶다는 것.

jacket:YANUK shirt:Gitman Brothers
skirt:ROPÉ mademoiselle knit:ELFORBR
shoes:CONVERSE bag:J&M Davidson

오늘 약속은 파크하얏트 호텔 라운지.
널찍한 공간 설계,
완벽한 서비스,
이곳에 있으면 치유되는 느낌이 든다.
고급스러운 공간을 이루는 핵심 열쇠는
역시 진심 아닐까?

아침부터 내리고 또 내리는 비.
레인코트보다 신뢰하는
등산용 파카에
헌터 레인부츠를 매치한다.
양말이 살짝 보이는 게
오늘 스타일링의 포인트.

cardigan:CHANEL　cutsew:SAINT JAMES
skirt:DEUXIÈME CLASSE
shoes:ZARA　bag:J&M Davidson

mountain parka:THE NORTH FACE
cutsew:SAINT JAMES　short pants:DK made
shoes:HUNTER　bag:ANTEPRIMA

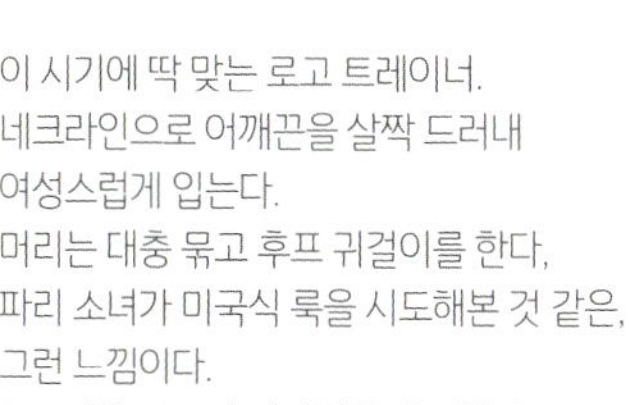

이 시기에 딱 맞는 로고 트레이너.
네크라인으로 어깨끈을 살짝 드러내
여성스럽게 입는다.
머리는 대충 묶고 후프 귀걸이를 한다,
파리 소녀가 미국식 룩을 시도해본 것 같은,
그런 느낌이다.
콧노래를 부르며 전시회를 체크한다.

trainer:Americana tank top:JAMES PERSE
shirt:L`Appartement pants:NICWAVE
shoes:CONVERSE bag:TOD`S

이벤트 회장 답사가 있는 날이다.
옥외정원의 녹음이 싱그럽다.
셔츠는 남성용 중에서
조그마한 녀석이다.
타이트한 스커트를
스포티하게 매치한다.

shirt:Gitman Brothers
skirt:ROPÉ mademoiselle knit:ELFORBR
shoes:ZARA bag:L.L.Bean

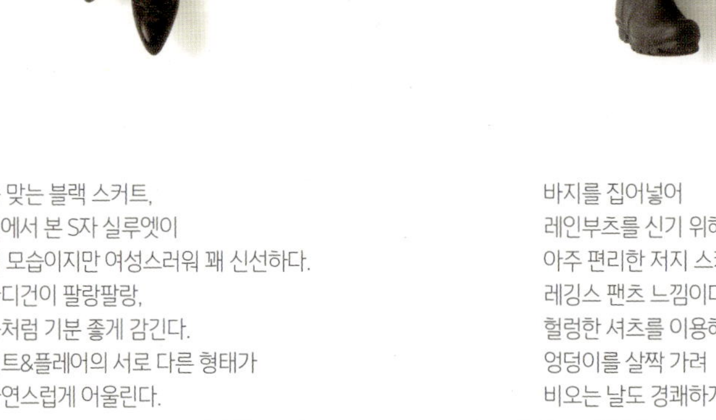

꼭 맞는 블랙 스커트,
옆에서 본 S자 실루엣이
내 모습이지만 여성스러워 꽤 신선하다.
카디건이 팔랑팔랑,
숄처럼 기분 좋게 감긴다.
피트&플레어의 서로 다른 형태가
자연스럽게 어울린다.

바지를 집어넣어
레인부츠를 신기 위해
아주 편리한 저지 스키니 팬츠를 입는다.
레깅스 팬츠 느낌이다.
헐렁한 셔츠를 이용해
엉덩이를 살짝 가려
비오는 날도 경쾌하게 걸어다닌다.

cardigan:Fabrizio Del Carlo
cutsew:SAINT JAMES skirt:DEUXIÈME CLASSE
shoes:TOD'S bag:L.L.Bean

mountain parka:THE NORTH FACE
shirt:FRED PERRY knit:ELFORBR
pants:Ron Herman shoes:HUNTER bag:Ron Herman

6 / 13

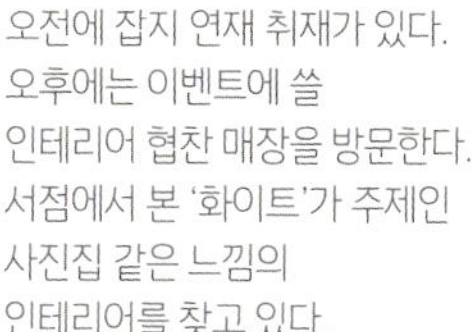

오전에 잡지 연재 취재가 있다.
오후에는 이벤트에 쓸
인테리어 협찬 매장을 방문한다.
서점에서 본 '화이트'가 주제인
사진집 같은 느낌의
인테리어를 찾고 있다.

trainer:House of 950
tank top:VINCE short pants:DK made
shoes:HUNTER bag:ANTEPRIMA

6 / 14

오늘은 아침부터 비.
깔끔해 보이는
흰색 팬츠를 주인공으로
마드라스 체크 셔츠를 가미한다.
의외로, 아니 오히려.
비오는 날에
흰색을 자주 입는다.

trainer:Americana tank top:JAMES PERSE
shirt:L`Appartement pants:NICWAVE
shoes:HUNTER bag:ANTEPRIMA

한 벌의 옷으로 멋있어지는 느낌이 들 듯,
일상의 사소하지만 특별한 느낌을
이번 이벤트에서
중요하게 다루고 싶다.
좋은 향기, 음악, 차와 과자의 맛,
전부 완벽하고 싶다.

스태프에게 아이디어를 이야기했더니
예산과 노력을 너무 많이 들이지 말라는
주의를 받아 살짝 짜증이 났다.
어제에 이어 비오는 날에 어울리는
품위 있는 스타일인
화이트, 블랙, 베이지의 매치.

coat:MACKINTOSH shirt:Perfect Persuasion
cardigan:Letroyes pants:Banana Republic
shoes:FREE FISH bag:ANTEPRIMA

shirt:ORIAN tank top:JAMES PERSE
cardigan:Letroyes short pants:J BRAND
shoes:HUNTER bag:J&M Davidson

Favorite Item 03 :
SAINT JAMES

몇 번이고 빨아도
그대로 입을 수 있는
프렌치 캐주얼 상의

다른 색, 다른 소재, 다른 사이즈, 다른 패턴, 그
렇게 미세한 차이를 두고 왜 이렇게 많이 샀냐
고 할지도 모르지만, 실제로 제 몫을 톡톡히 하
는 아이템이다. 10대 때부터 애용하고 있는 세
인트 제임스는 내 스타일링의 기본을 이루는 아
이템 중 하나다. 천의 질감, 목이 파인 정도, 빈
티지한 보더 느낌은, 대체할 수 있는 아이템을
찾을 수 없다.

시간이든 예산이든 공간이든
취사선택이 필요하다는 것은 안다.
하지만 절대 양보하지 못하는 것도 있다.
수작업이니까 더욱 타협하고 싶지 않다.
그렇기에 계속 제자리걸음이다.
이런 날은 아무 생각 없이
마사지를 받으러 간다.

shirt:L'Appartement
tank top:JAMES PERSE maxiskirt:fredy
shoes:CONVERSE bag:TOD'S

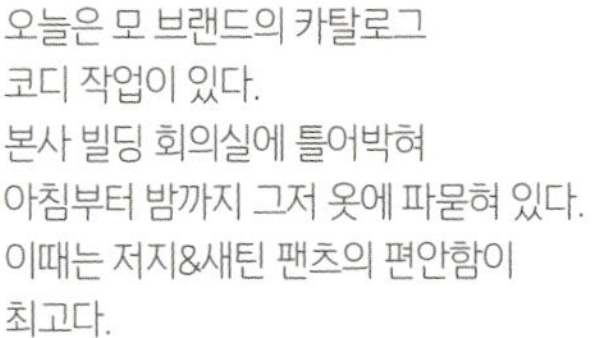

오늘은 모 브랜드의 카탈로그
코디 작업이 있다.
본사 빌딩 회의실에 틀어박혀
아침부터 밤까지 그저 옷에 파묻혀 있다.
이때는 저지&새틴 팬츠의 편안함이
최고다.

어제에 이어 코디 작업의 연속이다.
고되지만 이렇게 무념무상으로
집중하는 시간도 의외로 마음에 든다.
몸이 편안한 프레드페리 셔츠.
같은 블루 계열의 스마일 백.
의욕과 집중도를 높여준다.

shirt:Thomas Mason
pants:5 shoes:HUNTER
Bag:L.L.Bean

shirt:FRED PERRY knit:ELFORBR
pants:Ron Herman shoes:HUNTER
bag:ANTEPRIMA bag:Ron Herman

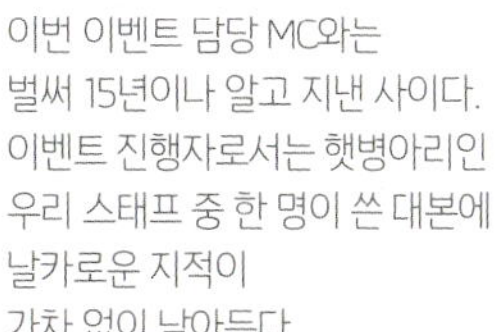

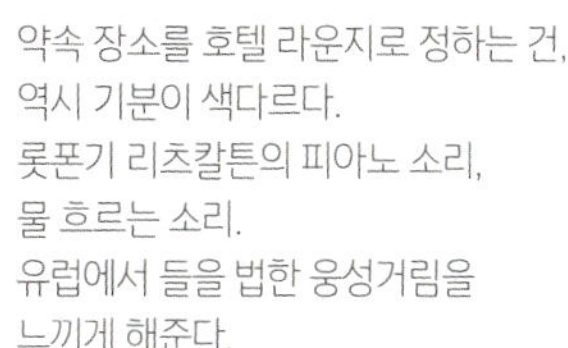

이번 이벤트 담당 MC와는
벌써 15년이나 알고 지낸 사이다.
이벤트 진행자로서는 햇병아리인
우리 스태프 중 한 명이 쓴 대본에
날카로운 지적이
가차 없이 날아든다.

약속 장소를 호텔 라운지로 정하는 건,
역시 기분이 색다르다.
롯폰기 리츠칼튼의 피아노 소리,
물 흐르는 소리.
유럽에서 들을 법한 웅성거림을
느끼게 해준다.

cardigan:Fabrizio Del Carlo
t-shirt:Perfect Persuasion skirt:DEUXIÈME CLASSE
shoes:TOD'S bag:ANTEPRIMA

shirt:DEUXIÈME CLASSE
camisole:GAP pants:BACCA
shoes:Christian Louboutin bag:ANTEPRIMA

비가 오지만 몸을 움직이고 싶어서
필라테스를 한다.
빨간 우산을 립
메이크업처럼 활용한
프렌치 분위기의 삼색기.
나만의 〈쉘부르의 우산〉이랄까?

날이 개자 초여름 날씨가
성큼 다가왔다.
이벤트 회장 근처를 산책한다.
멋진 플로피햇을 쓴 유모차 미는 엄마와
세련된 커플 모자를 쓴 부부도 목격.
패션의 진화를 느낀다.

mountain parka:THE NORTH FACE
shirt:FRED PERRY knit:ELFORBR
pants:Ron Herman shoes:HUNTER bag:ANTEPRIMA

t-shirt:SAINT JAMES
skirt:DEUXIÈME CLASSE
shoes:Repetto bag:ANTEPRIMA

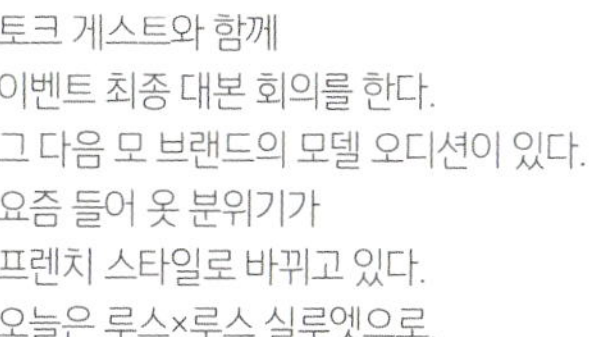

토크 게스트와 함께
이벤트 최종 대본 회의를 한다.
그 다음 모 브랜드의 모델 오디션이 있다.
요즘 들어 옷 분위기가
프렌치 스타일로 바뀌고 있다.
오늘은 루스×루스 실루엣으로.

잡지 편집자에게서 전화가 왔다.
이벤트 날 단행본 제작 비화나
궁금한 이야기도 나눌 예정이라
흐름을 가볍게 맞춰본다.
당일에도 스태프로서 도와준다고.
든든하다.

cutsew:SAINT JAMES
pants:5　shoes:Repetto
bag:ANTEPRIMA

cardigan:Fabrizio Del Carlo
t-shirt:GAP　short pants:DK made
shoes:HUNTER　bag:L.L.Bean

이벤트 직전, 오늘은 온종일 케어 데이.
얇은 티셔츠, 안에는 브라톱.
스웨트 맥시스커트로
옷도 강제로 휴식을 준다.
그래도 모자와 체크 셔츠를 매치해
시내에도 갈 수 있는 스타일을 만든다.
아무 생각도 하지 않은 적당함이 좋다.

t-shirt:JAMES PERSE camisole:UNIQLO
shirt:Thomas Mason maxiskirt:fredy
shoes:CONVERSE bag:L.L.Bean

Map 02 : Beauty Cruise

Jingumae **01 : BIENN**

**속눈썹 펌, 애용 중인
에센스 마스카라와 만난 살롱**

나는 사람들 앞에 나서는 이벤트나 촬영 외에는
파운데이션을 하지 않는다. 그래서 속눈썹과 눈
썹만은 정기적으로 단정하게 관리하고 있다. 마
스카라도 무색 트리트먼트만 한다. 자연스러운
게 좋다.

● 비엔
http://www.bienn.co.jp/

이벤트와 해외 출장 전에는 필수!
나의 가치를 높이는 뷰티 케어 코스

Ginza **02 : AIO-N**

**컬러리스트를 쫓아온 세 번째 가게,
편히 쉴 수 있는 컬러살롱**

염색은 컬러리스트 노부 씨라는 분이 쭉
맡아주고 있다. 그가 계절마다 미묘하게
바꿔주는 머리색이 마음에 들어서 살롱을
옮길 때마다 쫓아다니고 있다. 긴자다운
고급스러운 살롱이다.

● 아이오-온 긴자 살롱
http://www.aio-n.com/

Futakotamagawa

03 : TAACOBA

**자연스럽고 깨끗한
이상적인 손톱으로 완성**

여기도 오래 다닌 살롱이다. 난 기본 케어만 하고 컬
러는 바르지 않는데, 이벤트 전에는 에씨(essie)를
바르기도 한다. 누드컬러가 좋다. 컬러 이름도 'Au
Natural', 'Sugar Daddy'라니, 이름만으로도 기분
이 좋아진다.

● 타아코바 네일케어살롱
http://www.taacoba.co.jp/

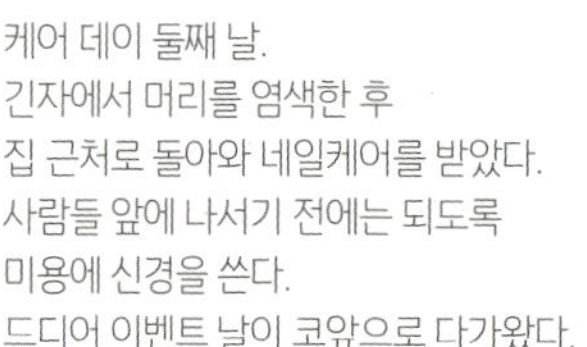

케어 데이 둘째 날.
긴자에서 머리를 염색한 후
집 근처로 돌아와 네일케어를 받았다.
사람들 앞에 나서기 전에는 되도록
미용에 신경을 쓴다.
드디어 이벤트 날이 코앞으로 다가왔다.

이벤트 전날. 물품 협찬 후,
이벤트 회장을 세팅한다.
마음에 드는 옷을 입어볼 수 있도록
피팅룸도 준비한다.
테이블은 들꽃으로 장식해
편안한 분위기를 연출한다.

shirt:FRED PERRY
knit:ELFORBR pants:Ron Herman
shoes:HUNTER bag:Ron Herman

shirt:DEUXIÈME CLASSE tank top:VINCE
jacket:YANUK pants:5
shoes:Repetto bag:ANTEPRIMA

'트렌드를 더욱 즐기다'
이 주제가 모두에게 전해졌을까?
옷을 입고 거울에 비친 자신의 모습을
보는 순간 '아, 예쁘다!'라고
지르는 환성, 기뻤다.
작은 이벤트지만
어쨌든 최선을 다해 달려왔다.

나의 제안을 늘 지지해주고,
마음에 들어해주는 여성들.
어떤 생활을 하고, 어떤 일을 하고,
어떤 헤어스타일과 어떤 매력을 지녔을까?
궁금했던 것들이 해소되었다는 만족감과
주최자로서의 반성을 한다.
마음이 싱숭생숭하다.

shirt:MUSE camisole:GAP
pants:FRAME shoes:RENÉ CAOVILLA
bag:Anya Hindmarch

tank top:FilMelange for Ron Herman
pants:BACCA shoes:TOMS
bag:GOLDEN GOOSE

july

7 Blue & Blue

01 TUESDAY

02 WEDNESDAY

16:00 Body Prove

03 THURSDAY

04 FRIDAY

05 SATURDAY

B,D 서초

06 SUNDAY

07 MONDAY

08 TUESDAY   12:00 P

09 WEDNESDAY

10 THURSDAY

12:00 전시 주얼리

16:00 TAACOBA

11 FRIDAY

12 SATURDAY

13 SUNDAY

14 MONDAY

15 TUESDAY

밤따 가고 싶따 ~

16 WEDNESDAY

11:00 만나기로♡

24 THURSDAY

17 THURSDAY

25 FRIDAY

15:00 Italiano~

18 FRIDAY

남자 넥타이 천 같아서 좋다

26 SATURDAY

19 SATURDAY

27 SUNDAY

세타가야 미술관 13:00~

20 SUNDAY

28 MONDAY

21 MONDAY

29 TUESDAY

22 TUESDAY

Yamanaka

30 WEDNESDAY

약속 잡기

23 WEDNESDAY

31 THURSDAY

무릎 아래까지 딱 달라붙는
트렌디한 컬러 스키니.
입는 순간 감성이 깨어나고
새로워지는 느낌이다. 신난다!
나답고 신선한 블루의 세계.

cutsew:SAINT JAMES pants:ZARA
shoes:L'Artigiano di Brera
bag:Anya Hindmarch

느긋하게 일어난 날의 오후. 책과 휴대폰, 지갑만 들고 카페까지 걸어간다.
모자 너머로 여름 햇살을 느끼면서. 힘을 빼고, 편안하게.
나에게 주문을 걸 듯 한가롭게 한 걸음 한 걸음.

shirt:Gitman Brothers
short pants:D'agilita
bag:L.L.Bean

면 소재의 9부 슬랙스.
그 기장에서 발목이 살짝 보이는
밸런스가 좋다.
상의는 폴로셔츠지만 프릴이 달린 것.
귀여운 느낌이 아니라 멋지게 입는다.
저녁 미팅을 위한 의상.

촬영과 취재를 끝내고,
밤에는 어시스턴트와 식사 약속.
무난한 네이비 티×데님.
이런 평범함이 정말 좋다.
지난달의 피로를
아직은 더 풀고 싶은 오늘,
기분도 착용감도 낙낙하게 하고 싶다.

polo shirt:FEDELI
pants:PESERICO　shoes:Repetto
bag:J&M Davidson

t-shirt:three dots
denim:JOE'S JEANS
sandal:havaianas　bag:L.L.Bean

하고 싶은 이야기가 있어서
친구를 점심에 불러낸다.
아직 다 전하지 못한 말,
다하지 못한 것.
나도 모르게 친구에게 투덜투덜.
이럴 때 친구가 고맙다.

삭스 블루 셔츠에
넥타이 같은 천의
쇼트 팬츠.
매니시한 블루 코디.
거기에 여성의 몸이 들어간
완벽한 조화! 한잔하러 가자!

shirt:Domingo tank top:JAMES PERSE
parka:THE NORTH FACE skirt:BIANCA EPOCA
sandal:havaianas bag:L.L.Bean

shirt:Gitman Brothers
short pants:D`agilita
shoes:ZARA bag:L.L.Bean

헐렁한 셔츠의 앞부분만 안으로.
마음에 쏙 드는 차림으로
브랜드 전시회에 갔더니
'잡지 블루 특집 흥미로웠다'며
홍보실 분에게 칭찬을 들었다.
이런 생생한 반응, 마음이 벅차오른다.

점점 본격적인 여름이 찾아온다.
네이비색 비치샌들을 신고 걷는데도
지면의 반사열까지
뜨끈뜨끈하게 느껴진다.
잠깐 스타벅스라도 들러서
시원한 바람을 쐬고 올까.

shirt:FRED PERRY
knit:JIL SANDER pants:ZARA
shoes:SEBOY'S bag:J&M Davidson

polo shirt:FEDELI denim:green
sandal:havaianas
bag:ANTEPRIMA

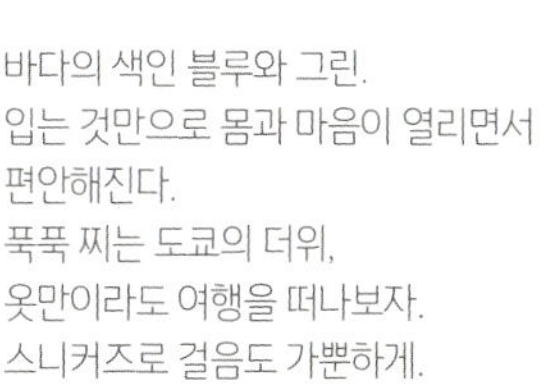

바다의 색인 블루와 그린.
입는 것만으로 몸과 마음이 열리면서
편안해진다.
푹푹 찌는 도쿄의 더위,
옷만이라도 여행을 떠나보자.
스니커즈로 걸음도 가뿐하게.

sleeveless:ROPÉ mademoiselle
shirt:Domingo skirt:ROPÉ mademoiselle
shoes:CONVERSE bag:L.L.Bean

저녁부터 네일살롱에.
어제와 같은 배색이지만
오늘은 그린을 아주 살짝만 매치한다.
그야말로 네일 정도만.
물 위에 잎사귀가 떠 있듯이.
나뭇잎 사이로 햇빛이 반사되듯이.

shirt:Gitman Brothers knit:ELFORBR
pants:ZARA shoes:L`Artigiano di Brera
bag:L.L.Bean

유화 같은 패턴의 팬츠.
잡지에서도 제안했지만,
블루라면 대담한 아이템도
자신만의 스타일로 소화할 수 있다.
오늘은 일찌감치 들어가 오랜만에
차분히 요리라도 해볼까.

오전에는 평소에 다니는
필라테스 스튜디오에.
선생님께서 '어깨뼈가 상당히
부드러워졌다'는 기분 좋은
말씀을 해주신다.
몸이 유연해지면 쓸데없는 힘이 빠져서
마음까지 자유로워지는 느낌이다.

knit:ELFORBR tank top:JAMES PERSE
pants:ELFORBR shoes:Repetto
bag:ANTEPRIMA

t-shirt:three dots
pants:PIAZZA SEMPIONE
sandal:havaianas bag:Sans Arcidet

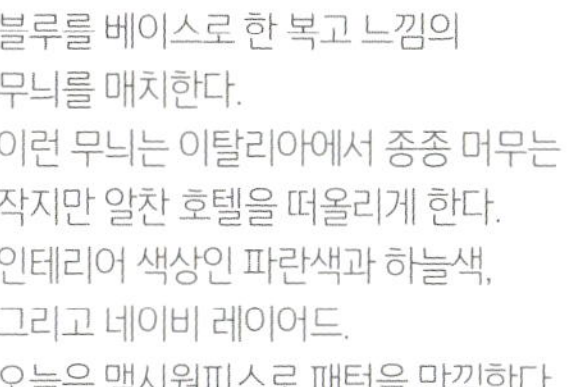

블루를 베이스로 한 복고 느낌의
무늬를 매치한다.
이런 무늬는 이탈리아에서 종종 머무는
작지만 알찬 호텔을 떠올리게 한다.
인테리어 색상인 파란색과 하늘색,
그리고 네이비 레이어드.
오늘은 맥시원피스로 패턴을 만끽한다.

jacket:YANUK tank top:JAMES PERSE
parka:THE NORTH FACE tube Dress:Ron Herman
sandal:havaianas bag:ANTEPRIMA

오일 마사지로 몸을 풀어준다.
집에 가는 길, 서점에 들러 눈길이 가는
사진집과 소설책을 구입.
내일 이 책을 들고 카페에 가야지.
'이야기'와 '특정한 한 장면'은
영감의 원천이다.

shirt:Domingo tank top:JAMES PERSE
knit:ELFORBR pants:ELFORBR
shoes:Repetto bag:ANTEPRIMA

무더운 날 살짝 헐렁한
흰 셔츠를 가볍게 걸치면,
보송보송한 시트에
데구루루 구를 때처럼
산뜻한 기분!
바람이 몸을 훑는 느낌이 좋다.

거의 한 달 만의 데이트.
갑자기 근처 바다까지
드라이브를 가자고 한다.
바다와 하늘이 한 장의 '파랑'으로 이어지는
이 여름답고 선명한 풍경에
자연스레 웃음이 나온다.
이런 서프라이즈, 참 좋다.

shirt:DEUXIÈME CLASSE camisole:GAP
knit:Johnstons pants:ZARA
shoes:Repetto bag:ANTEPRIMA

tank top:FilMelange for Ron Herman
skirt:Ron Herman
shoes:CONVERSE bag:ANTEPRIMA

절묘하게 몸매가 돋보이는
심플한 탱크톱

목둘레의 마감 상태, 소매의 파인 정도, 살짝 헐렁한 트렌디한 실루엣. 론
허먼×필멜란지의 이 탱크 톱은 착용감이 사랑스러워 색깔별로 세 장 구
입했다. 미드나잇블루 롱스커트와의 매치가 아주 마음에 든다. 물론 팬츠
와도 기막히게 잘 어울린다. 커팅 느낌만으로 귀엽다.

살짝 탄 피부에는
녹색 포인트 컬러의
느낌이 참 좋다.
잡지 취재는 긴자 카페에서.
모처럼 긴자까지 왔으니 끝나고
윈도쇼핑해야지.

추석에 휴가를 못 내는 게
잡지 관련 직업의 일상이다.
그래서 일찌감치
여름 귀성길에
오르기로 한다.
전통과자라도 하나 들고 갈까나.

t-shirt:JAMES PERSE camisole:UNIQLO
cardigan:ASPESI denim:JOE'S JEANS
shoes:L'Artigiano di Brera

shirt:Gitman Brothers
short pants:D'agilita shoes:ZARA
bag:J&M Davidson

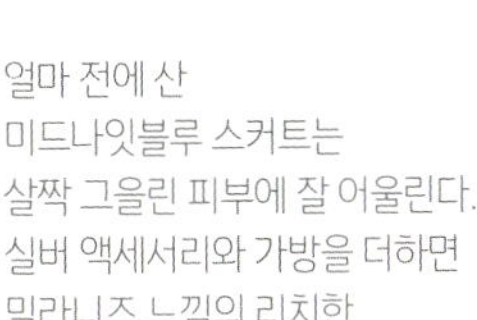

얼마 전에 산
미드나잇블루 스커트는
살짝 그을린 피부에 잘 어울린다.
실버 액세서리와 가방을 더하면
밀라니즈 느낌의 리치한
블루 스타일이 완성된다.

오늘부터 2일간 본가에서 지낸다.
호숫가를 어슬렁어슬렁 걷다 보면
나오는 동네 카페.
조카와 함께 아이스크림을 사서
천천히 걷는다.
흔들흔들 몸을 맡긴 채 나무들 사이로
새파란 하늘을 올려다본다.

tank top:FilMelange for Ron Herman
skirt:Ron Herman
shoes:GIVENCHY bag:ANTEPRIMA

cutsew:SAINT JAMES
pants:5 shoes:TOMS
bag:GOLDEN GOOSE

그을린 피부에 어울리는 새틴 소재의
블루 톱. 밀라노 여인들은 이런 차림으로
자전거를 탄다. 버스 창문으로
풍경을 바라보면서 나의 일상이 기다리는
도쿄로 돌아간다.
마음속까지 리프레시한 기분.

여름에 입기 좋은 부드러운 데님.
최근 붐이 일고 있는
'셔츠 앞부분만 넣기' 스타일.
심플하지만, 이 코디에선 아주 여유로운
유럽 스타일의 여성스러움이
상쾌하게 느껴진다.
요전에 산 책을 느긋하게 읽어본다.

sleeveless:ROPÉ mademoiselle
denim:green shoes:L'Artigiano di Brera
bag:L.L.Bean

shirt:FRED PERRY
denim:MOTHER
shoes:Repetto bag:L.L.Bean

본격적으로
이탈리아어 레슨!

독학으로 공부했다고 하면 "네? 대단하네요!" 하면서 놀라지만, 간단한 회화라면 몰라도 취재나 밀라노 컬렉션에서 필요한 것들을 더 제대로 해내기 위해서는 역시 선생님께 배워야 한다는 것을 절실히 느끼던 참이다. 이탈리아인과 만나면 보통은 의식하지 않던 외국인 특유의 악센트가 신경이 쓰인다. 'Si, No'가 분명하지 않다든가…… 일본인에게는 너무 칼 같다는 소리를 들을 정도인데 말이다.

코발트블루 숄은 바다 같은
깊이가 느껴져
눈과 피부에 편안하다.
화이트×네이비에 코발트블루가
들어간 것만으로 블루 분위기가
한층 짙어진다.

shirt:Gitman Brothers
short pants:D'agilita
sandal:havaianas bag:L.L.Bean

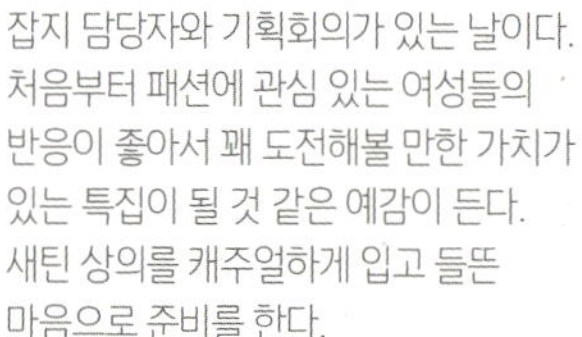

잡지 담당자와 기획회의가 있는 날이다.
처음부터 패션에 관심 있는 여성들의
반응이 좋아서 꽤 도전해볼 만한 가치가
있는 특집이 될 것 같은 예감이 든다.
새틴 상의를 캐주얼하게 입고 들뜬
마음으로 준비를 한다.

오랜만에 이탈리아어 수업을
다시 시작하기로 했다.
긴장되는 마음을 옷차림으로 업 시켜보자.
키톤 셔츠와 치노 팬츠.
유럽풍 블루의 참을 수 없는
고급스러움이 느껴진다.

sleeveless:ROPÉ mademoiselle
denim:FRAME
sandal:havaianas bag:L.L.Bean

shirt:Kiton
short pants:J BRAND
shoes:TOD'S

밀라노의 자그마한 편집숍에서
산 무늬가 있는 사브리나 팬츠.
나의 무늬 팬츠 감성은
이 한 벌에서 시작된다.
밝은 네이비색 여름용 숄에
존 스메들리의 카디건으로
남프랑스 느낌의 이미지를 표현해본다.

친구와 점심 약속이 있어서
미술관으로 향한다.
나무 그늘이 진 테라스석이 산뜻하다.
이탈리아를 좋아하는 친구를 위해
스타일링을 해본다.
네이비 코디에 슬립온을 매치해
이탈리아 분위기가 폴폴 풍긴다.

cardigan:JOHN SMEDLEY
t-shirt:ZARA pants:PIAZZA SEMPIONE
shoes:Repetto bag:J&M Davidson

knit jacket:45R t-shirt:VINCE
skirt:BIANCA EPOCA
shoes:TOD'S bag:J&M Davidson

집에서 향기로운 커피를 내리고,
약속을 잡기 위해 전화를 한다.
그 브랜드에 그게 있었지,
전시회의 기억을 하나둘 꺼내면서…….
점심 휴식시간에는 근처 카페로,
이런 날은 느슨하게 묶은
머리에 모자 하나.

기획물을 연재한 초창기부터
편집을 맡아준 편집자의
결혼식이 있는 날이다.
티파니 진주를 주인공으로,
시폰 블라우스×카프리 팬츠로
스타일링을 완성한다.
이미지는 나만의 오드리.

t-shirt:ZARA skirt:CARVEN
shoes:Repetto
bag:ANTEPRIMA

blouse:HARRODS
pants:GRAPHIT LAUNCH
shoes:Repetto bag: Anya Hindmarch

거리는 불꽃축제로 들뜬 듯
유카타 차림의 여성이 자주 눈에 띈다.
친구 셋과 테라스가 상큼한
레스토랑에서
여름밤을 보낸다.
차디찬 화이트와인으로 건배.

한 달 빠른, 여름휴가 마지막 날.
페이셜케어와 아로마 마사지를 받으며
내일부터 바빠질 나날에 대비한다.
준비해둔다는 게 좋다.
심신을 정화해놓으면
힘이 생긴다.

tank top:FilMelange for Ron Herman
skirt:Ron Herman shirt:Domingo
shoes:L'Artigiano di Brera bag:Anya Hindmarch

blouse:ALPHA denim:AG
shoes:LUCA
bag:Sans Arcidet

august

8

Print

01 FRIDAY

02 SATURDAY

03 SUNDAY

04 MONDAY
KATE MOSS?
마릴린?

05 TUESDAY

06 WEDNESDAY
10:00 도라   15:00
11:00 마르티니크   w-office
14:00 룬 하먼   17:00 벨포랏

07 THURSDAY   16:00 사돌 &B
11:00 앙글로발   17:00
13:00 투모로우   요쿠모쿠 F 씨 회의
15:00 마란

08 FRIDAY

09 SATURDAY

10 SUNDAY

11 MONDAY   15:00 스메들리
10:30 카네마쓰   16:00 ADORE
13:00 마오리   17:00 ZARA
14:00 팔   17:30 베스트

12 TUESDAY

13 WEDNESDAY
B

14 THURSDAY
B

15 FRIDAY
B

Green is Glam
perfect persuasion

16 SATURDAY
푸알라니
수영복
17 SUNDAY
18 MONDAY
일부 만남
8:00 슈퍼바이저
CD 체크 K 씨
19 TUESDAY
처치 (사이즈 교환)
지미추 (힐)
픽업 쿠키 (탱크톱 2개)
20 WEDNESDAY
6:00 집합 슈퍼바이저
21 THURSDAY
10:00 프리모
22 FRIDAY
만남
23 SATURDAY
11:00~ 미팅
13:30 에르노
16:00 오카짱 취재
Wari
24 SUNDAY
프라다의 딸리아
무늬 최고!
25 MONDAY
26 TUESDAY
27 WEDNESDAY
10:00~
Web 카T씨
28 THURSDAY
11:00~ 클라우디오 인터뷰
쿠단시타
29 FRIDAY
30 SATURDAY
31 SUNDAY
ROPÉ

무더운 날, 산뜻하게 바람이 훑고
지나가는 빅 셔츠를 입는다.
옷자락 아래로 스커트가 슬쩍 비치는 이 밸런스.
'어른이 맨다리에 미니스커트 입기'에는
대담함과 기품이 절대적으로 필요하다.

shirt:L´Appartement
skirt:ZARA
shoes:havaianas bag:A.I.P

시야 끝에 그가 있다. 조금씩 가까워지는 '만남'의 거리에 마음이 떨려온다. 사랑을 즐길 것.
내 안의 여성스러움에 몸을 맡길 것. 액세서리는 필요 없다.
달리아 무늬 스커트 한 장의 특별함뿐.

knit:ZARA
skirt:PRADA
bag:Anya Hindmarch

친한 친구와 둘이서 바닷가 호텔에서
여름을 즐긴다.
해외까지 갈 시간은 없지만,
다시 오지 않을 이 여름을 만끽하고 싶다.
리치한 베이지, 자연스럽게 떨어지는
상의와 하의로 스타일링을 완성한다.

해변까지 천천히 걸어가 바다를 향하고
있는 레스토랑에서 식사를 즐긴다.
활기찬 바닷가, 파도 소리는
여름의 낭만을 느끼게 해준다.
태양 아래에 어울리는 핑크색 수영복과
유럽향이 나는 브라운 카디건으로
여름 바다를 온 몸으로 즐긴다.

tank top:FilMelange for Ron Herman
skirt:Des Prés shoes:GIVENCHY
bag:GOLDEN GOOSE

cardigan:JOHN SMEDLEY pants:J BRAND
swimwear:North Shore Swimwear
sandal:havaianas bag:ANTEPRIMA

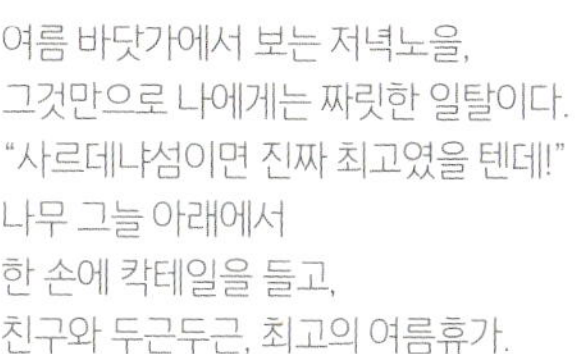

여름 바닷가에서 보는 저녁노을,
그것만으로 나에게는 짜릿한 일탈이다.
"사르데냐섬이면 진짜 최고였을 텐데!"
나무 그늘 아래에서
한 손에 칵테일을 들고,
친구와 두근두근, 최고의 여름휴가.

blouse:Bagutta
swimwear:Pualani Hawaii skirt:ZARA
sandal:havaianas bag:ANTEPRIMA

체크인 때와 상의 색상만 다르다.
이른 여름휴가는 여기서 끝.
아침에 체크아웃하고 그대로
나의 일터로 향한다.
의상 협찬을 위해
바로 현장으로 뛰어든다.

tank top:FilMelange for Ron Herman
skirt:Des Prés shoes:GIVENCHY
bag:GOLDEN GOOSE

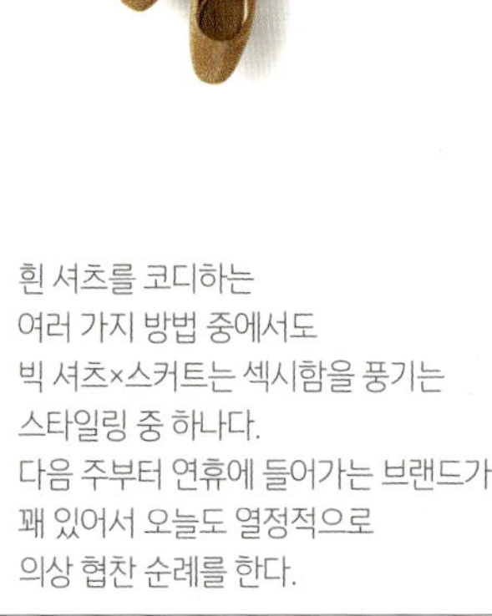

정신없이 프레스룸을 돌며
새로 나온 아이템을 체크한다.
예전에는 일할 때
카고팬츠를 주로 입었는데,
요즘은 의외로 어른스러운
밀리터리 티셔츠가 끌린다.

흰 셔츠를 코디하는
여러 가지 방법 중에서도
빅 셔츠×스커트는 섹시함을 풍기는
스타일링 중 하나다.
다음 주부터 연휴에 들어가는 브랜드가
꽤 있어서 오늘도 열정적으로
의상 협찬 순례를 한다.

t-shirt:ROPÉ mademoiselle
skirt:ZARA shoes:GIVENCHY
bag:GOLDEN GOOSE

shirt:L'Appartement skirt:ZARA
shoes:RENÉ CAOVILLA
bag:A.I.P

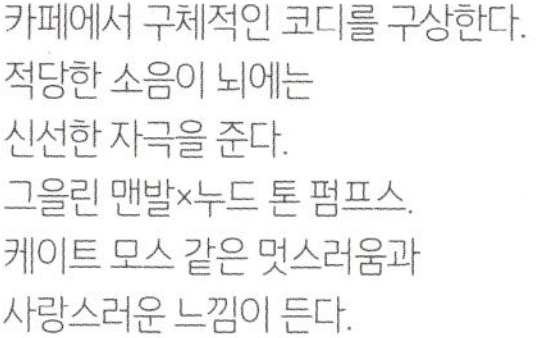

카페에서 구체적인 코디를 구상한다.
적당한 소음이 뇌에는
신선한 자극을 준다.
그을린 맨발×누드 톤 펌프스.
케이트 모스 같은 멋스러움과
사랑스러운 느낌이 든다.

cardigan:Letroyes
t-shirt:Perfect Persuasion skirt:HARRODS
shoes:Christian Louboutin bag:ANTEPRIMA

심플한 브로드클로스 소재 셔츠의
소매를 훌쩍 걷어
여기저기 돌아다닌 하루.
냉방이 되는 실내에서는
숄을 슬쩍 걸친다.
여성만이 낼 수 있는
이런 아름다움이 좋다.

shirt:DEUXIÈME CLASSE
skirt:PRADA shoes:TOD'S
bag:GOLDEN GOOSE

Favorite Item 05 : MINI SKIRT

무난한 듯 활용도 만점의
트라페즈 미니스커트

꽤 오래 전에 자라에서 산 브라운 트라페즈 미니스커트. 당시의 유행이
나 기분 탓에 한 번도 입지 않은 시즌도 있어서 이제 처분할까 몇 번이나
고민했던 아이템이다. 하지만 이 깨끗하고 심플한 사다리꼴 실루엣이 의
외로 흔할 것 같으면서도 없다. 결국 올해는 자주 입을 것 같은 예감이다.
어른스러운 여름 느낌의 브라운 색상이 매력적이다.

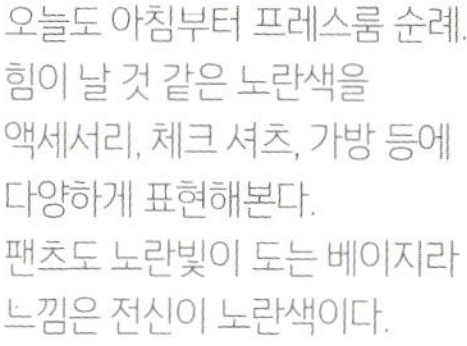

오늘도 아침부터 프레스룸 순례.
힘이 날 것 같은 노란색을
액세서리, 체크 셔츠, 가방 등에
다양하게 표현해본다.
팬츠도 노란빛이 도는 베이지라
느낌은 전신이 노란색이다.

맹활약 중인 트라페즈 미니스커트에
버튼다운 셔츠를 매치한다.
여러 가지 흰 셔츠 중에서 가장 보이시한
분위기를 풍긴다.
협찬 후 포토그래퍼와 회의 두 건을
진행한다. 순식간에 하루가 끝난다.

t-shirt:VINCE shirt:L´Appartement
camisole:GAP denim:aA
sandal:havaianas bag:TOD´S

shirt:Gitman Brothers
knit:JIL SANDER skirt:ZARA
shoes:TOD´S bag:TOD´S

푹 빠졌었던 재킷이 우리 촬영일 날
타 잡지사에서도
예약이 들어갔던 모양이다.
이런 경쟁은 다반사다.
노란색이 풍기는 결단력 있는 이미지는,
진지하게 경쟁에 임하는 날에 적합하다.

야외 촬영 버스 운전 담당자와 함께
미리 찜해 놓은 옷과 소품을
차례차례 픽업한다.
늘 차 안에 향기로운 커피를 준비해놓는
마음이 고맙다.
오늘은 코디도 커피 컬러로 완성한다.

yellow tank top:ZARA
white tanktop:JAMES PERSE skirt:Des Prés
sandal:havaianas bag:Sans Arcidet

knit:JIL SANDER
tank top:JAMES PERSE skirt:ZARA
shoes:TOD'S bag:TOD'S

8／15

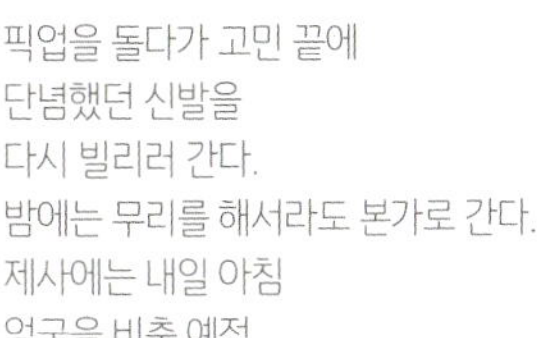

픽업을 돌다가 고민 끝에
단념했던 신발을
다시 빌리러 간다.
밤에는 무리를 해서라도 본가로 간다.
제사에는 내일 아침
얼굴을 비출 예정.

t-shirt:ROPÉ mademoiselle
pants:BACCA sandal:havaianas
bag:ANTEPRIMA

8／16

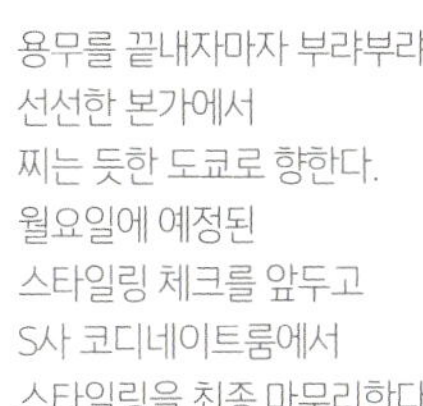

용무를 끝내자마자 부랴부랴
선선한 본가에서
찌는 듯한 도쿄로 향한다.
월요일에 예정된
스타일링 체크를 앞두고
S사 코디네이트룸에서
스타일링을 최종 마무리한다.

tank top:FilMelange for Ron Herman
shirt:DEUXIÈME CLASSE skirt:PRADA
sandal:FABIO RUSCONI bag:ANTEPRIMA

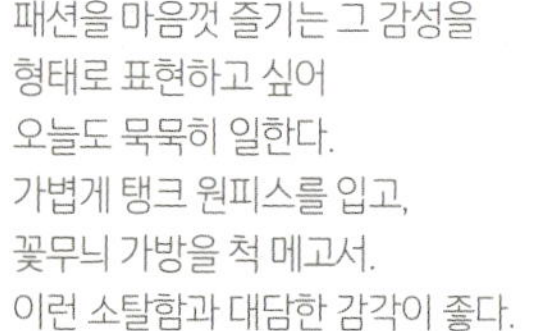

패션을 마음껏 즐기는 그 감성을
형태로 표현하고 싶어
오늘도 묵묵히 일한다.
가볍게 탱크 원피스를 입고,
꽃무늬 가방을 척 메고서.
이런 소탈함과 대담한 감각이 좋다.

헐렁한 티셔츠와 데님 아래에
누디한 발레 플랫 슈즈를 매치한다.
핑크색과 무늬를 가볍게 다룬 느낌이 든다.
오후부터 코디 체크가 있다.
이 코디 제안을 독자는
어떻게 받아들일까?

one-piece:Alexander Wang
sandal:FABIO RUSCONI
bag:A.I.P

t-shirt:VINCE
denim:MOTHER　cardigan:kier+j
shoes:LUCA　bag:A.I.P

8/19

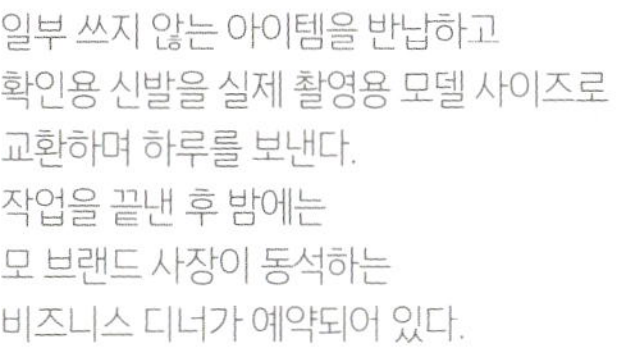

일부 쓰지 않는 아이템을 반납하고
확인용 신발을 실제 촬영용 모델 사이즈로
교환하며 하루를 보낸다.
작업을 끝낸 후 밤에는
모 브랜드 사장이 동석하는
비즈니스 디너가 예약되어 있다.

tank top:FilMelange for Ron Herman
skirt:PRADA shoes:GIVENCHY
bag:ANTEPRIMA

8/20

촬영 전날.
아이템을 대조하면서 확인한다.
야외 촬영용, 소품 촬영용, 예비 아이템 등
빠진 게 없도록 전량을 최종 체크한다.
밀리터리×카고팬츠는
작업용 의상으로 적합하다.

t-shirt:ROPÉ mademoiselle
knit:JIL SANDER pants:green
sandal:havaianas bag:TOD'S

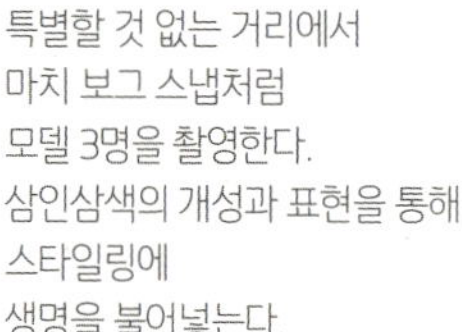

특별할 것 없는 거리에서
마치 보그 스냅처럼
모델 3명을 촬영한다.
삼인삼색의 개성과 표현을 통해
스타일링에
생명을 불어넣는다.

빅 셔츠×루스한 데님은
내 안에서 밀라노 여인의 일상 룩으로
자리 잡았다.
남성 사이즈 느낌의 옷을
여성이 입는 언밸런스,
그게 바로 리치&섹시!
그런 느낌으로 입고 싶다.

t-shirt:Perfect Persuasion
denim:SUPERFINE
shoes:LUCA bag: ANTEPRIMA

shirt:L'Appartement
denim:JOE'S JEANS
sandal:havaianas bag:A.I.P

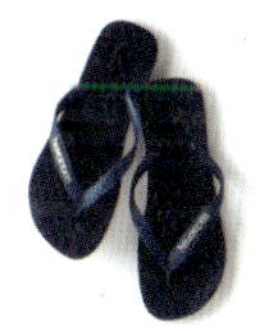

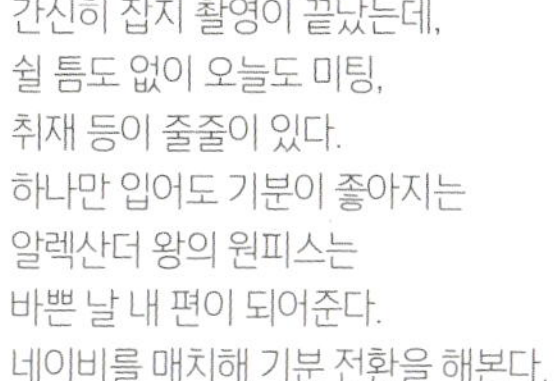

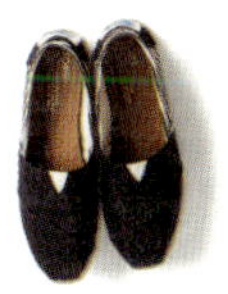

간신히 잡지 촬영이 끝났는데,
쉴 틈도 없이 오늘도 미팅,
취재 등이 줄줄이 있다.
하나만 입어도 기분이 좋아지는
알렉산더 왕의 원피스는
바쁜 날 내 편이 되어준다.
네이비를 매치해 기분 전환을 해본다.

one-piece:Alexander Wang
sandal:havaianas
bag:A.I.P

팔레스 호텔의 테라스는 수로를 면하고
있어 기분 좋은 바람이 부는
마음에 드는 장소다.
자료를 들고 가 촬영한 아이템의
상세정보를 기재한다.
단순 작업일수록
우아한 장소에서 하고 싶다.

shirt:L'Appartement
skirt:PRADA camisole:UNIQLO
shoes:TOMS bag:L.L.bean

이탈리아어 선생님의 초대로
홈 파티에 간다.
이탈리아어로 대화를 나누면서
이탈리아 요리를 만드는,
유쾌하고도 혹독한 콘셉트의 파티다.
Cominciamo!
(자, 시작해보죠!)

웹 콘텐츠 'K.K Report' 페이지에서
언급했던 브랜드 상품의 촬영 준비를
사무실에서 진행한다.
모레는 이탈리아 본사 사장과
인터뷰도 잡혀 있다.
아, 이탈리아어 더 열심히 해야지!

one-piece:Alexander Wang
shoes:Repetto
bag:Anya Hindmarch

t-shirt:Perfect Persuasion
denim:FRAME shoes:TOMS
bag:ANTEPRIMA

나의 기분과 생각의 모드를
바꿔주는 스위치!

스타일링이나 기획을 고심하다 벽에 부딪혔을 때, 기분을 바꿔서 힐링하고 싶을 때 제일 먼저 찾는 게 천연 아로마 오일이다. 병에 담아 가방에 들고 다니는데, 불안해진다 싶으면 바로 사용한다. 여름철에는 욕조에 페퍼민트 몇 방울을 떨어뜨리는 걸 좋아한다. 시원함이 배가되면서 땀이 흘러 피곤해진 몸과 작업 모드인 머리까지 단번에 개운해진다.

깃털처럼 가볍고 스포티&엘레건트한
다운재킷을 촬영한다.
그러고서 내일 인터뷰를 준비한다.
셔츠×쇼트 팬츠의 클래식하지만
스포티한 이 스타일링,
이탈리아 느낌이 든다.

blouse:GALERIE VIE camisole:GAP
cardigan:JOHN SMEDLEY short pants:SLAM
shoes:TOD'S bag:J&M Davidson

이탈리아인 사장과 만나는 건
이번이 벌써 열 몇 번째.
호텔 테라스석인 만큼 티셔츠가 아닌
니트 소재의 노 슬리브를 입는다.
어깨를 드러내면서도
기품 있어 보이는
스타일이 완성된다.

8월은 정신없이 바빴다.
오늘은 가까스로 짬을 내서 머릿속에
맴돌던 사진전을 보러 갔다.
그러고서 카페에서
갓 내린 커피로 후유,
한숨을 돌린다.
아, 여름이 이렇게 끝나간다.

knit:ZARA skirt:PRADA
shoes:Repetto
bag:Anya Hindmarch

cardigan:JOHN SMEDLEY
t-shirt:ZARA skirt:CINQUANTA
Shoes:Pretty Ballerinas bag:Sans Arcidet

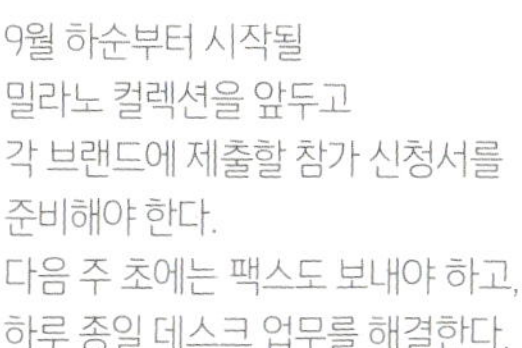

9월 하순부터 시작될
밀라노 컬렉션을 앞두고
각 브랜드에 제출할 참가 신청서를
준비해야 한다.
다음 주 초에는 팩스도 보내야 하고,
하루 종일 데스크 업무를 해결한다.

패션쇼 참가 신청도 시작되고,
드디어 분위기 있는 가을이 다가온다.
아직 바깥은 더위가 기승을 부리지만
마음만은 가을·겨울 스타일로 건너뛴다.
빡빡한 8월,
가까스로 무사히 완주했다.

one-piece:BLANC basque
cardigan:JOHN SMEDLEY
shoes:Repetto bag:L.L.Bean

blouse:aA camisole:GAP
half pants:CIMARRON
sandal:ROBERTO DEL CARLO

september
9
Metallic

01 MONDAY
02 TUESDAY
03 WEDNESDAY
04 THURSDAY
05 FRIDAY
06 SATURDAY
07 SUNDAY

08 MONDAY
09 TUESDAY
10 WEDNESDAY
11 THURSDAY
12 FRIDAY
13 SATURDAY
14 SUNDAY
15 MONDAY

비즈의 느낌

편집장
K 씨 점심

Ych
K 식사

블루노트

완분 된파~!

F 씨,
진짜, 와인이 맛있는 가게

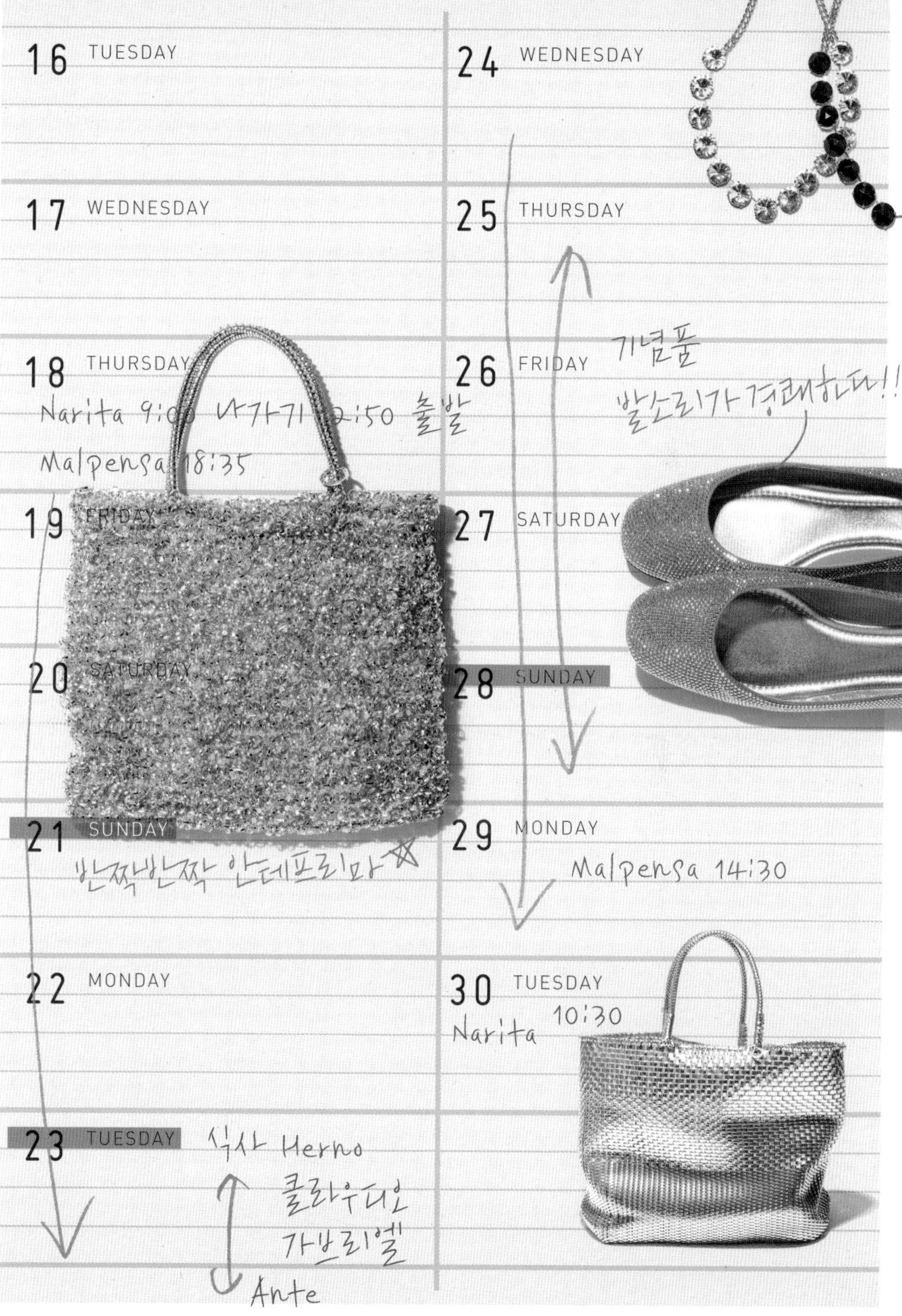
16 TUESDAY
24 WEDNESDAY
17 WEDNESDAY
25 THURSDAY
18 THURSDAY
Narita 9:00 나가기 2:50 출발
Malpensa 18:35
26 FRIDAY 기념품
발소리가 경쾌하다!!
19 FRIDAY
27 SATURDAY
20 SATURDAY
28 SUNDAY
21 SUNDAY
반짝반짝 안테프리마 ☆
29 MONDAY
Malpensa 14:30
22 MONDAY
30 TUESDAY
Narita 10:30
23 TUESDAY
식사 Herno
클라우디오
가브리엘
Ante

차콜그레이 상하의를 올인원처럼 입고,
비즈와 클러치로 포인트를 더한다.
모노톤으로 리셋한다.
기온은 여름이지만 마음만은 온전히
가을·겨울 모드로 바꾸고 싶으니까.
한발 먼저, 컬렉션 기분을 느낀다.

tank top:Alexander Wang camisole:UNIQLO
cardigan:JOHN SMEDLEY pants:BACCA
shoes:Repetto bag:PotioR

바깥은 늦더위가 한창인 오후 1시, 점심 약속 상대를 기다리다 지치다.
지금 흰 티를 입고 싶다면, 여름 끝자락의 기분 좋은 바람을 느낄 수 있는 살짝 광택 있고 부드러운 스커트를 매치하자.

t-shirt:JAMES PERSE
skirt:Ron Herman
shoes:CONVERSE bag:ANTEPRIMA

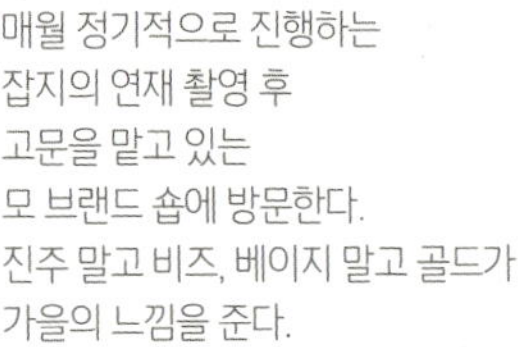

매월 정기적으로 진행하는
잡지의 연재 촬영 후
고문을 맡고 있는
모 브랜드 숍에 방문한다.
진주 말고 비즈, 베이지 말고 골드가
가을의 느낌을 준다.

밀라노 컬렉션 참가 신청서가
드디어 완성됐다.
이제 각사에 팩스만 보내면 끝이다.
오늘 같은 날은
헤어살롱에 가서
기분 전환을 하고 싶다.

tank top:FilMelange for Ron Herman
cardigan:Rie Miller pants:Banana Republic
sandal:havaianas bag:ANTEPRIMA

tank top:FilMelange for Ron Herman
pants:AG shoes:GIVENCHY
bag:ANTEPRIMA

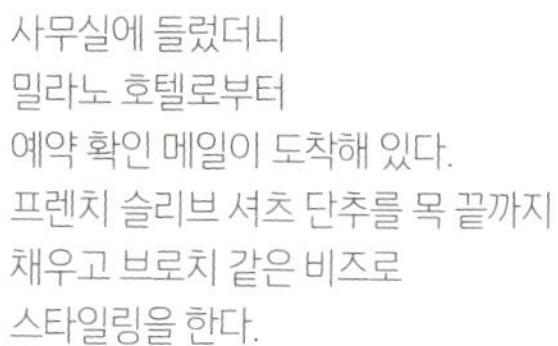

사무실에 들렀더니
밀라노 호텔로부터
예약 확인 메일이 도착해 있다.
프렌치 슬리브 셔츠 단추를 목 끝까지
채우고 브로치 같은 비즈로
스타일링을 한다.

그레이 그러데이션에 대비되는
골드를 의도적으로 넣는다.
어제는 팬츠, 오늘은 스커트.
요즘 내 감성은 실버×골드.
블랙으로 억누르지 않고 빛을 더한다.
지금까지 이런 강렬함은 없었다!

shirt:LAPIS LUCE　pants:BLANC basque
sandal:LOEFFLER RANDALL
bag:ANTEPRIMA

one-piece:BLANC basque
sandal:havaianas
bag:ANTEPRIMA

9／07　　　9／08

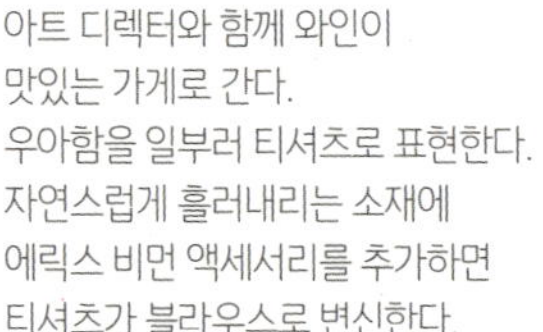

아트 디렉터와 함께 와인이
맛있는 가게로 간다.
우아함을 일부러 티셔츠로 표현한다.
자연스럽게 흘러내리는 소재에
에릭스 비먼 액세서리를 추가하면
티셔츠가 블라우스로 변신한다.

베이지 숄 대신 골드 카디건으로
질감이 다른 광택을 더한다.
비즈로 감싼 네크라인의 조합은,
재클린 케네디의 진주 활용 방식을
떠올리게 한다.
그 품위 있는 모습을 닮고 싶다.

t-shirt:VINCE camisole:GAP
pants:FRAME shoes:RENÉ CAOVILLA
bag:Anya Hindmarch

one-piece:Alexander Wang
cardigan:Rie Miller shoes:Repetto
bag:Anya Hindmarch

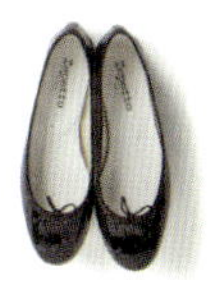

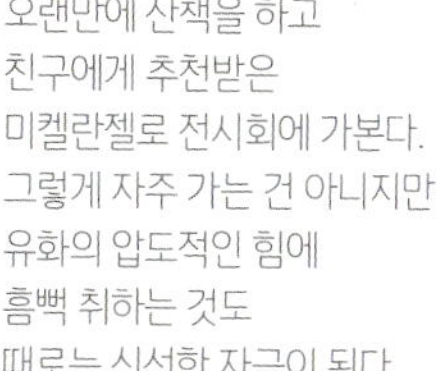

오랜만에 산책을 하고
친구에게 추천받은
미켈란젤로 전시회에 가본다.
그렇게 자주 가는 건 아니지만
유화의 압도적인 힘에
흠뻑 취하는 것도
때로는 신선한 자극이 된다.

tank top:FilMelange for Ron Herman
cardigan:Rie Miller pants:Banana Republic
shoes:Repetto bag:ANTEPRIMA

착용감이 뛰어난
그레이 원피스를 입고
쇼핑을 즐긴다.
밀라노행 기내에 들고 탈
작은 캐리어를 추가로 구입한다.
더운 날은 원피스가 제일 편하다.

one-piece:BLANC basque
tong:FABIO RUSCONI
bag:ANTEPRIMA

잡지 편집장과 긴자의
호텔 런치코스를 즐긴다.
가방은 맡기고 클러치를 들고
자리에 앉는다.
고급스러운 레스토랑
분위기를 고려해 진주에 카디건의
반짝임까지 액세서리처럼 더한다.

8월이면 프린트 가방을 매치했을 부분에,
지금은 메탈릭한 가방과
신발을 매치한다.
소품이 바뀌면 전체 스타일링의
분위기가 확 달라진다.
아직은 덥지만
가을 분위기를 살리고 싶다.

cardigan:Rie Miller blouse:ROPÉ mademoiselle
pants:Banana Republic shoes:L'Artigiano di Brera
white bag:J&M Davidson bag: Anya Hindmarch

shirt:L'Appartement
tank top:VINCE skirt:ZARA
shoes:RENÉ CAOVILLA bag:ANTEPRIMA

디너 데이트를 위한 레오퍼드를 꺼낸다.
박력 있는 레오퍼드를 시크하게
입고 싶어서 무척 고심하다
찾아낸 스커트다.
무채색이지만
힘과 화려함이 있는 가을·겨울
스타일로 제격이다.

화이트, 블랙, 브라운의
심플한 배색에
선글라스나 가방으로
포인트를 주는 스타일.
협찬을 마무리하고 돌아오는 길
이탈리아 영화를 보기로 한다.

shirt:DEUXIÈME CLASSE camisole:GAP
skirt:DEUXIÈME CLASSE
shoes:JIMMY CHOO bag:ANTEPRIMA

black tank top:THE ROW
tank top:JAMES PERSE skirt:CARVEN
shoes:Repetto bag:ANTEPRIMA

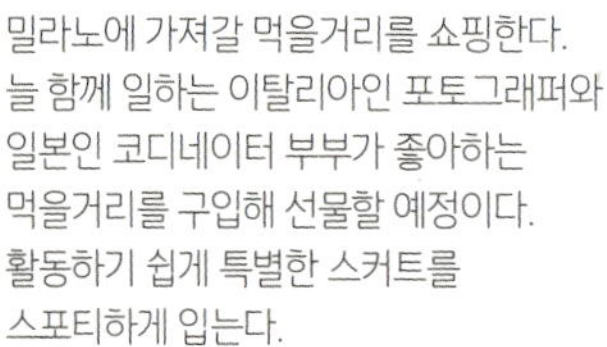

밀라노에 가져갈 먹을거리를 쇼핑한다.
늘 함께 일하는 이탈리아인 포토그래퍼와
일본인 코디네이터 부부가 좋아하는
먹을거리를 구입해 선물할 예정이다.
활동하기 쉽게 특별한 스커트를
스포티하게 입는다.

출장 전 마지막 업무, 모 브랜드와 미팅을
마치고 잠시 카페에서 커피 타임을
가지며 메일을 확인한다.
각 브랜드 PR 체류 호텔과 현지 휴대전화
번호 등 정보를 재확인하며
일정을 정리한다.

parka:MUJIRUSHIRYOHIN
tank top:JAMES PERSE skirt:PRADA
shoes:Repetto bag:ANTEPRIMA

knit:mai skirt:DEUXIÈME CLASSE
shoes:JIMMY CHOO
bag:ANTEPRIMA

나의 부적, 분위기가 전혀 다른
두 가지 종류의 다이아 팔찌

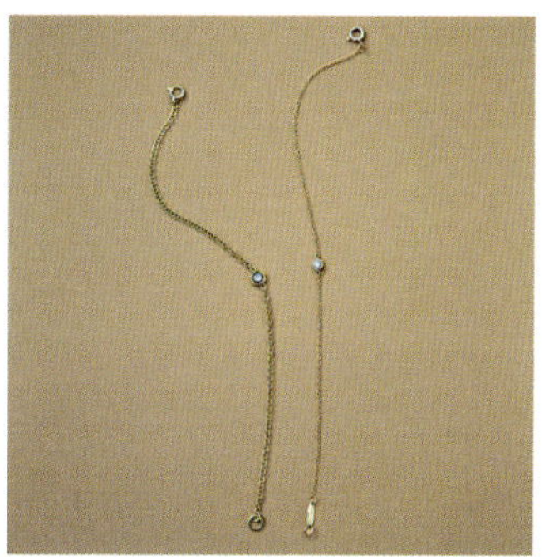

왼쪽은 험(hum), 오른쪽은 티파니 팔찌다. 체인
에 작은 다이아가 하나 있어 언뜻 비슷해 보이
는 .디자인이지만 뿜어내는 에너지는 완전히 다
르다. 험은 초록빛이 감도는 골드로 빈티지 느낌
이 나고, 티파니는 아주 사랑스럽다. 두 개를 함
께 차기도 하고, 따로 차기도 한다. 옷차림에 전
혀 지장을 주지 않기 때문에 이 작은 반짝이를
부적처럼 자주 몸에 지닌다.

오늘은 일찍 들어가 짐을 싸놔야지,
하는데 전화벨이 울린다.
참석 최종 확인,
현지 날씨 정보.
겨울 소재 원피스를 가져가야 하나,
여름 소재 원피스로 해야 하나…….

shirt:DEUXIÈME CLASSE
knit:JIL SANDER skirt:ZARA
shoes:RENÉ CAOVILLA bag:ANTEPRIMA

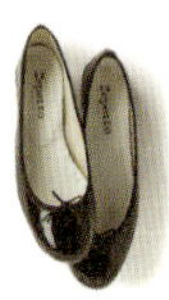

12시 20분이 지나 이탈리아행
비행기에 탑승한다.
비행기를 탈 때마다 불안해하는
나를 위해 '기내에서 읽어보라'며
그가 늘 책을 준비해준다.
이번에 그에게 받은 책은……
《초조해하지 않는 법》, 어이!

도착해서 보는
첫 번째 쇼는 구찌.
프리다 지아니니가 제안하는 룩은
언제 봐도 두근거린다.
인상적인 스타일이나 느낀 점은
그 순간에 수첩에 적어놓는다.

cardigan:JOHN SMEDLEY tank top:Alexander Wang
camisole:UNIQLO pants:BACCA shoes:Repetto
bag:GOLDEN GOOSE carry case:RIMOWA

one-piece:Alexander Wang
shoes:Repetto
bag:Anya Hindmarch

컬렉션 기간에는 올 블랙 스타일이
기본이다.
나에게서 뿜어 나오는 것들은 모두
배제한 채 오롯이
받아들이고 싶으니까.
차에서 일본에 있는 조카에게
생일 축하 메일을 보낸다.

절묘하게 사랑스러운 형태,
실크 새틴 원피스 네크라인에
터틀넥처럼 숄을 돌돌 만다.
보테가, 로베르토 카발리, 질 샌더……
짬이 날 땐
전시회 구경과 스냅 사진을 찍는다.

cardigan:sacai short pants:KiwaSylphy
shoes:GIVENCHY
bag:GOLDEN GOOSE

one-piece:Alexander Wang
shoes:GIVENCHY
bag:GOLDEN GOOSE

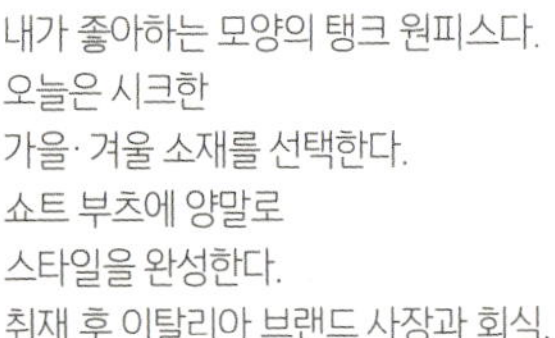

내가 좋아하는 모양의 탱크 원피스다.
오늘은 시크한
가을·겨울 소재를 선택한다.
쇼트 부츠에 양말로
스타일을 완성한다.
취재 후 이탈리아 브랜드 사장과 회식.

피곤한 날 오전에는 안경이 편하다.
늘 노리고 있던 런던의 멋쟁이 블로거를
발견하여 함께 스냅 사진을 찍다 보니
어느새 공연 시작 시간이 다가온다.
시간에 조금 늦어 결국 선 채로
사람들 틈바구니 사이에서 열심히 관람한다.

one-piece:YOKO CHAN cardigan:sacai
shoes:GIUSEPPE ZANOTTI
bag:GOLDEN GOOSE

cardigan:sacai one-piece:Alexander Wang
shoes:GIUSEPPE ZANOTTI
bag:Anya Hindmarch

9 / 24　　9 / 25

어제로 메인 컬렉션은 종료했다.
이제야 밀라노 거리의 표정이
평소처럼 돌아왔다.
돌바닥, 커피 향, 꽃집……
에어리 블라우스와 플랫 슈즈,
그리고 아주 살짝 레오퍼드를 더해서
스타일을 완성한다.

miniskirt처럼 보이는 보들보들한
쇼트 팬츠와 늘 입던 보더,
발에는 고상하면서
스포티한 레더 스니커즈.
나답게 밀라노를 즐기는 옷.
잡지 독자 선물을 찾기 위해
밀라노 여기저기를 누빈다.

blouse:Drawer pants:Drawer
shoes:PIERRE HARDY
bag:GOLDEN GOOSE

cutsew:SAINT JAMES
short pants:KiwaSylphy
shoes:GIVENCHY bag:ANTEPRIMA

blouse:MUSE pants:Drawer

독자 선물 찾기 이틀째.
허리 부분은 헐렁하고 아래로 갈수록
좁아지는 실루엣의 팬츠에
블라우스같이 살짝 비치는
탱크 톱으로 매치한다.
트렌디한 후프 귀걸이와 구두로
어딘가 엘레건트한
나만의 밀라노 스타일을 완성한다.

blouse:MUSE pants:Drawer
shoes:PIERRE HARDY
bag:GOLDEN GOOSE

Map 03 : Favorite Shop in Milano

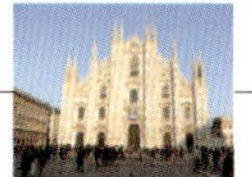

단골 숙소에서 시작하는 산책 코스, 코르소 제노바의 마음에 쏙 드는 상점들

01:KITCHEN

사지 않아도 보는 것만으로도 흥미진진!

이름 그대로 착즙기나 파스타 삶을 때 쓰는 젓가락 등 깜찍한 주방용품을 모아놓은 가게다. 보는 것만으로도 귀여워서 마구 흥분된다. 가격이 꽤 나가서 잘 사지 않지만, 그래도 지나갈 때면 나도 모르게 안을 들여다보게 된다.

05:SUPINO

신선한 홀 케이크를 파는 수제 케이크 집

쇼케이스에 죽 나열된 수많은 홀 케이크들을 현지인이 선물용이나 가정용으로 하나둘 사간다. 이렇게 대담하다니 역시 이탈리아 답다는 생각을 한다. 나도 밀라노에서 다른 집에 초대받았을 때 이용한다. 수제라 정말 신선하고 맛있다.

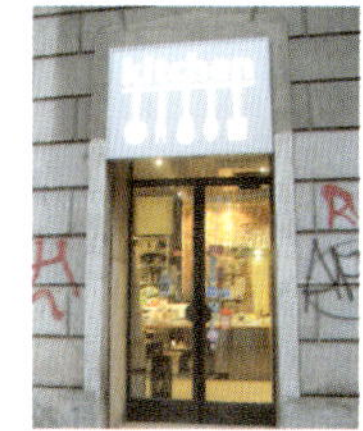

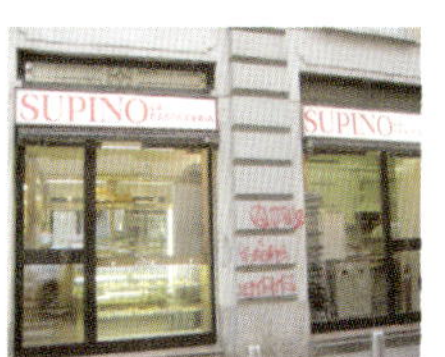

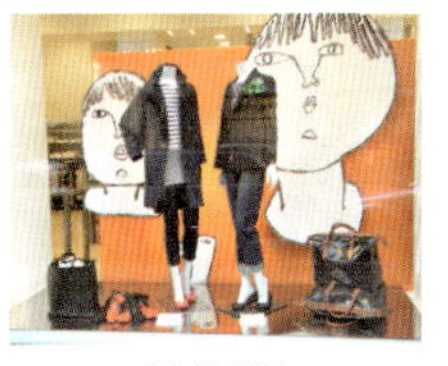

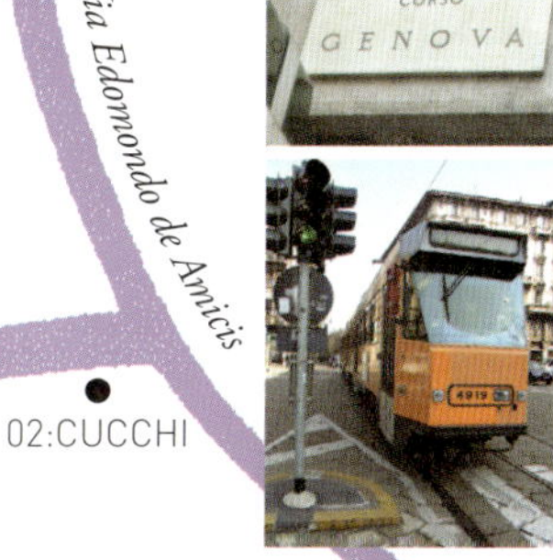

01:KITCHEN

Via Edomondo de Amicis

05:SUPINO

03:BIFFI

04:TREVISAN&CO.

Corso Genova

02:CUCCHI

Via Cesare de Sesto

02:CUCCHI

테라스에서 차를 마시거나, 피니니를 테이크아웃 하거나

가게에서 직접 만드는 파니니와 커피가 정말 훌륭하다. 가게 앞을 지나기만 해도 먹음직스러운 냄새가 솔솔. 컬렉션 중에는 여유롭게 점심을 먹을 시간이 없어서 여기서 테이크아웃 할 때가 많다. 9월의 밀라노라면 바깥에서 차를 마시는 것도 근사할 것이다.

03:BIFFI

명품도 포함시킨 자신감 넘치는 스타일 제안

밀라노의 유명 편집숍 중 하나인 비피. 갈 때마다 디스플레이가 흥미로워 눈길을 끈다. 스텔라 매카트니나 마르니도 편집 아이템으로 다루고 있다. 트렌디한 느낌에 충실하다. 유행을 체감하고 싶다면 이 가게를 찾자.

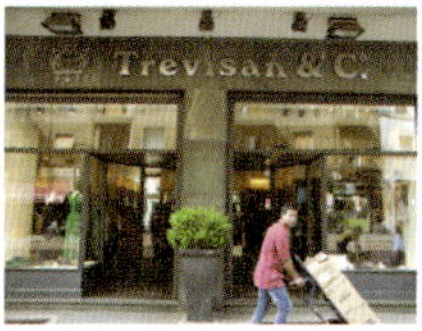

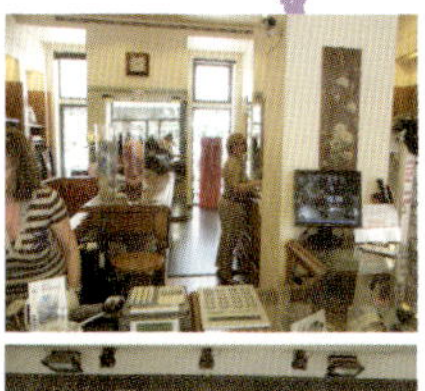

04:TREVISAN&CO.

시크하고 품격 있는 옛 모습을 간직한 편집숍

가게에 들어가면 기품 있는 여인과 젊은 남성이 패션 프로 같은 모습으로 정중하고도 점잖게 손님을 맞이한다. 비피와는 취향이 다른, 클래식한 편집숍이다. 밀라노에 왔으니 멋진 밀라니즈와 직접 교류하는 건 어떨까?

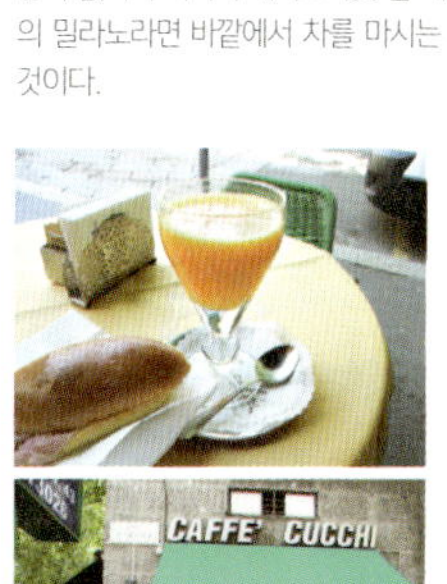

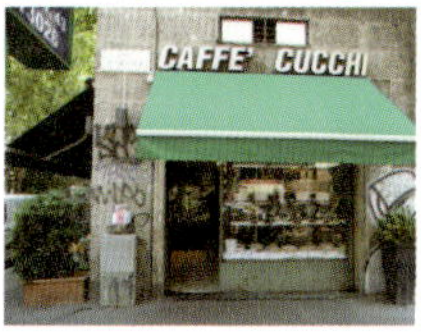

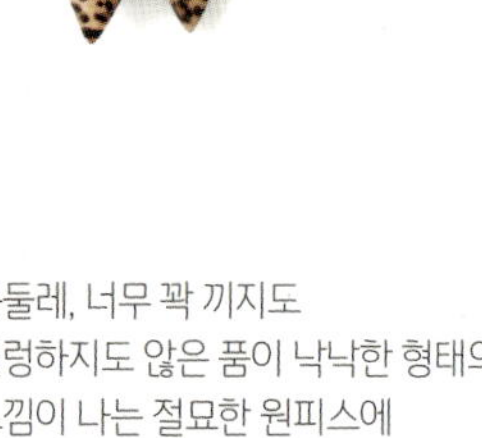

좁은 목둘레, 너무 꽉 끼지도
너무 헐렁하지도 않은 품이 낙낙한 형태의
복고 느낌이 나는 절묘한 원피스에
슬쩍 리치한 숄을 어깨에 두른다.
포토그래퍼와 함께 카페에서
촬영한 사진을 체크한다.

마침내 밀라노 체류 마지막 날이 다가왔다.
쇼도 전시회도 사람도 보고,
인생을 즐기는 데 온 열정을 쏟는
이 거리의 공기를 한껏 들이마시고 나니,
또 신선한 기분으로
패션을 즐길 수 있을 것 같다.

one-piece:Alexander Wang
shoes:PIERRE HARDY
bag:Anya Hindmarch

cutsew:SAINT JAMES
pants:Drawer shoes:GIVENCHY
bag:ANTEPRIMA

9／29

9／30

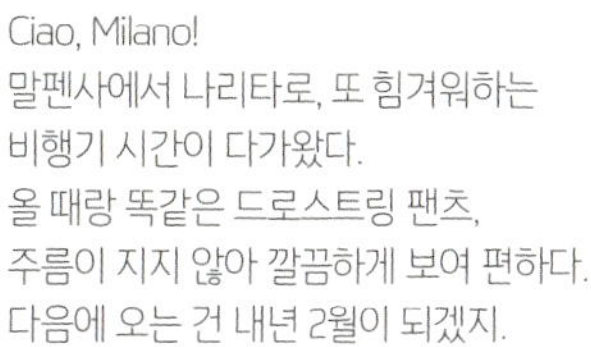

Ciao, Milano!
말펜사에서 나리타로, 또 힘겨워하는
비행기 시간이 다가왔다.
올 때랑 똑같은 드로스트링 팬츠,
주름이 지지 않아 깔끔하게 보여 편하다.
다음에 오는 건 내년 2월이 되겠지.

날짜가 바뀌어 도쿄는 30일이다.
집에 도착하자마자 다급히 소중한 옷을
클리닝 맡기러 나갔다가
저녁 식재료를 산다.
슬슬 바람이 서늘해지고 패션의 계절
가을이 다가온다.

knit:mai pants:BACCA
shoes:Repetto bag:GOLDEN GOOSE
carry case:RIMOWA

trainer:House of 950
pants:FRAME shoes:Repetto
bag:ANTEPRIMA

183일이 지나면……
Kyoko

4월 1일부터 9월 30일까지, 봄 · 여름 스타일링, 마음에 들었나요?

우리는 매일 당연하게 '옷을 고르고 입는' 일을 하고 있습니다.

거기에는 여러 가지 '감정'이 담겨 있습니다.

개인적인 스토리에 그치지 않고 동시대를 살아가는 여성으로서 일상에서

공감할 수 있는 이야기와 스타일을 찾아냈다면 저로서는 더없이 기쁠 것입니다.

저의 사복 스타일을 공개하는 웹사이트 'K.K closet'을 연 건 2년 전쯤입니다.

개인 소장품만으로 스타일링한 코디를 빠른 템포로 계속 공개하는 건 처음 한 시도라,

지금 생각하면 웃음만 나오는 여러 가지 일들이 있었지요.

웹사이트에서 시작된 어설픈 기획이 이렇게 한 권의 책으로 완성된 건,

늘 페이지를 체크해주는 네티즌 여러분 덕분입니다.

따뜻하게 응원해주셔서 진심으로 고맙습니다.

책에는 다 게재하지 못한 액세서리나 소품 브랜드명은

웹사이트에 따로 페이지를 마련해놓았으니 관심 있다면 꼭 체크해보세요.

그리고 책은 1년의 후반부로 이어집니다.

아우터, 레이어드 스타일, 부츠……

멋쟁이들이라면 가을 · 겨울 편을 놓칠 수 없지요.

바람이 선선해질 즈음이면 만날 수 있겠지요.

그때 또 만나기를 바라며…….

공식 웹사이트 http://kk-closet.com/

보통날의 스타일북
Spring — Summer

펴낸날 초판 1쇄 2015년 4월 1일

지은이 기쿠치 교코 ∣ **옮긴이** 김혜영

펴낸이 임호준
이사 홍헌표
편집장 김소중
책임 편집 윤혜민 ∣ **편집 3팀** 장재순 김유경
디자인 왕윤경 김효숙 ∣ **마케팅** 강진수 권소회 임한호
경영지원 나은혜 박석호 ∣ **e-비즈** 표형원 이용직 김준홍 고연정 최서경

인쇄 (주)웰컴피앤피

펴낸곳 비타북스 ∣ **발행처** (주)헬스조선 ∣ **출판등록** 제2-4324호 2006년 1월 12일
주소 서울특별시 중구 세종대로 21길 30 ∣ **전화** (02) 724-7633 ∣ **팩스** (02) 722-9339

이 책은 저작권법에 따라 보호를 받는 저작물이므로 무단 전재와 무단 복제를 금지하며,
이 책 내용의 전부 또는 일부를 이용하려면 반드시 저작권자와 (주)헬스조선의 서면 동의를 받아야 합니다.
책값은 뒤표지에 있습니다. 잘못된 책은 바꾸어 드립니다.

ISBN 979-11-85020-73-0   13590

비타북스는 건강한 몸과 아름다운 삶을 생각하는 (주)헬스조선의 출판 브랜드입니다.

• 이 도서의 국립중앙도서관 출판예정도서목록(CIP)은 서지정보유통지원시스템 홈페이지(http://seoji.nl.go.kr)와
국가자료공동목록시스템(http://www.nl.go.kr/kolisnet)에서 이용하실 수 있습니다. (CIP제어번호 : 2015007950)

• 비타북스는 독자 여러분의 책에 대한 아이디어와 원고 투고를 기다리고 있습니다.
책 출간을 원하시는 분은 이메일 vbook@chosun.com으로 간단한 개요와 취지, 연락처 등을 보내주세요.

기쿠치 교코 菊池 京子 지음

세련된 기본 스타일에서 트렌디한 코디네이션까지, 폭넓은 스타일링으로 옷의 매력을 최대한 끌어내는 일본의 인기 스타일리스트. 잡지와 광고를 중심으로 활약하고 있으며, 소개한 아이템을 연달아 매진시키는 등 여성들의 전폭적인 지지를 받고 있다.

김혜영 옮김

성균관대학교에서 경제학과 일본학을 선공했나. 졸업 후 빈역 에이건시에서 일하다 꿈에 그리던 번역가의 길에 들어선 지금, 꿈같은 하루하루를 보내고 있다. 옮긴 책으로는 《모성》《삼분의 일》 등이 있다.

보통날의 스타일북

Autumn—Winter

10.01~03.31

기쿠치 교코 지음 | 2015. 9. (발매 예정)
일본 No.1 스타일리스트 기쿠치 교코의 365일 매일 스타
일링북 가을·겨울 편! 10월 1일부터 3월 31일까지 가을·
겨울을 즐길 수 있는 스타일링을 풀 착장으로 공개한다.